U0166438

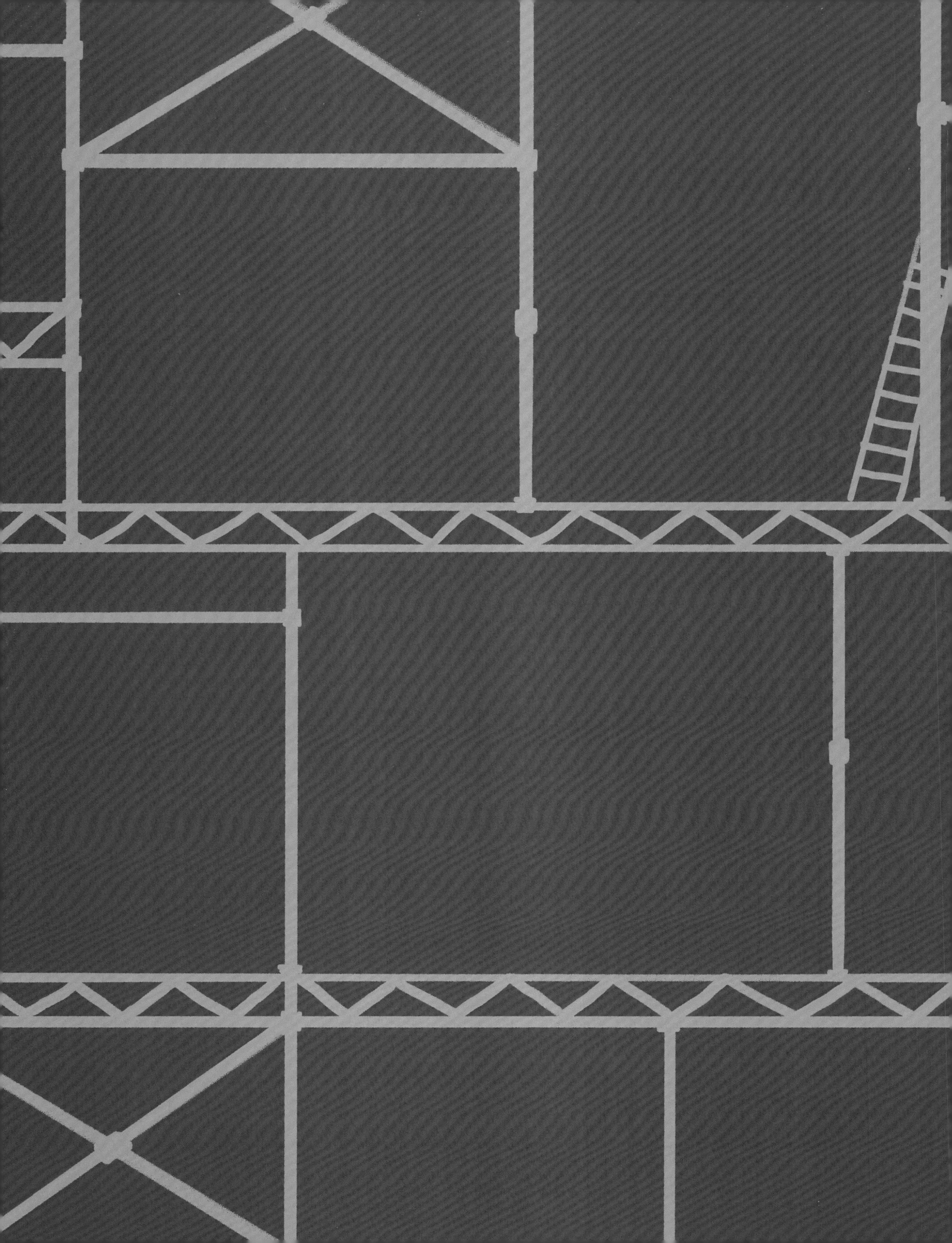

给孩子的建筑科普大书

了不起的建筑

揭秘全球41大建筑奇迹及其背后的工程原理

[英] 罗玛·阿格拉沃尔 著　[英] 凯蒂·希基 绘

尚晋　陈瑾羲 译

中信出版集团 | 北京

图书在版编目 (CIP) 数据

了不起的建筑 / (英) 罗玛 · 阿格拉沃尔著 ; (英) 凯蒂 · 希基绘 ; 尚晋 , 陈瑾羲译 . -- 北京 : 中信出版社 , 2021.12

书名原文 : HOW WAS THAT BUILT? : THE STORIES BEHIND AWESOME STRUCTURES

ISBN 978-7-5217-3735-6

Ⅰ . ①了… Ⅱ . ①罗… ②凯… ③尚… ④陈… Ⅲ . ①建筑物 – 介绍 – 世界 – 少儿读物 Ⅳ . ① TU-091

中国版本图书馆 CIP 数据核字 (2021) 第 225507 号

献给扎里亚和基亚。
—— 罗玛 · 阿格拉沃尔

献给我的父亲，一位永远在修修补补和盖房子的人。
—— 凯蒂 · 希基

了不起的建筑

著　　者：[英] 罗玛 · 阿格拉沃尔
绘　　者：[英] 凯蒂 · 希基
译　　者：尚晋　陈瑾羲
出版发行：中信出版集团股份有限公司
（北京市朝阳区惠新东街甲 4 号富盛大厦 2 座　邮编　100029）
承 印 者：北京九天鸿程印刷有限责任公司

开　　本：787mm × 1092mm　1/8　　印　　张：11　　字　　数：160 千字
版　　次：2021 年 12 月第 1 版　　印　　次：2021 年 12 月第 1 次印刷
京权图字：01–2021–5990　　审 图 号：GS（2021）7820 号（本书地图为原书插附地图）
书　　号：ISBN 978–7–5217–3735–6
定　　价：98.00 元

出品 中信儿童书店
图书策划 知学园
策划编辑 陈苏荃　　责任编辑 房阳
营销编辑 王姜玉珏　　装帧设计 苏静

目 录

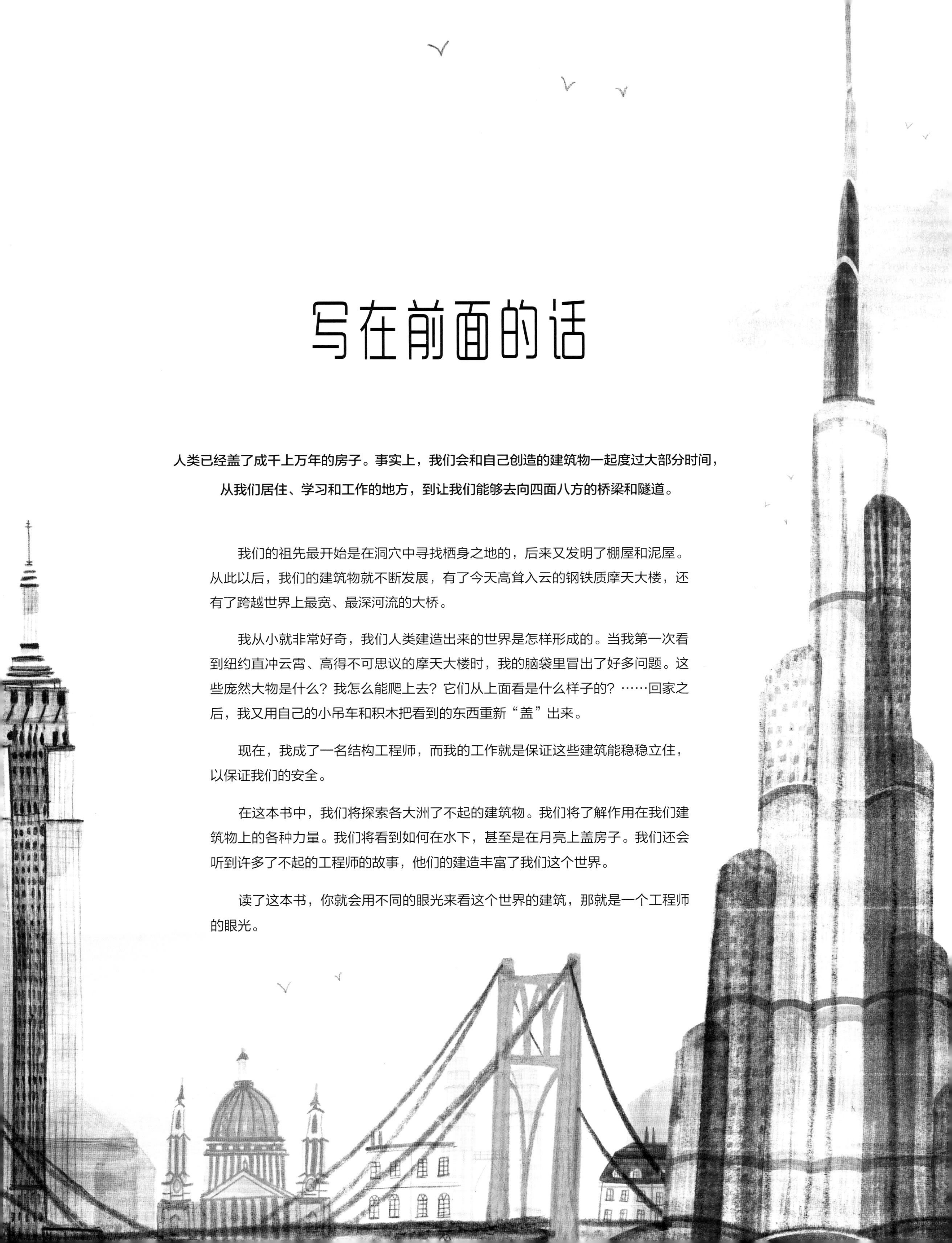

写在前面的话

人类已经盖了成千上万年的房子。事实上，我们会和自己创造的建筑物一起度过大部分时间，从我们居住、学习和工作的地方，到让我们能够去向四面八方的桥梁和隧道。

我们的祖先最开始是在洞穴中寻找栖身之地的，后来又发明了棚屋和泥屋。从此以后，我们的建筑物就不断发展，有了今天高耸入云的钢铁质摩天大楼，还有了跨越世界上最宽、最深河流的大桥。

我从小就非常好奇，我们人类建造出来的世界是怎样形成的。当我第一次看到纽约直冲云霄、高得不可思议的摩天大楼时，我的脑袋里冒出了好多问题。这些庞然大物是什么？我怎么能爬上去？它们从上面看是什么样子的？……回家之后，我又用自己的小吊车和积木把看到的东西重新“盖”出来。

现在，我成了一名结构工程师，而我的工作就是保证这些建筑能稳稳立住，以保证我们的安全。

在这本书中，我们将探索各大洲了不起的建筑物。我们将了解作用在我们建筑物上的各种力量。我们将看到如何在水下，甚至是在月亮上盖房子。我们还会听到许多了不起的工程师的故事，他们的建造丰富了我们这个世界。

读了这本书，你就会用不同的眼光来看这个世界的建筑，那就是一个工程师的眼光。

如何把房子盖得平正？

在盖房子之前，我们需要考察一下要盖房子的地面。如果我们没有坚固的地基，房子就会下沉或者倾斜。意大利的比萨斜塔就是一个这种问题的典型。那里的地面很软，使建筑朝着一个方向倾斜了。所以，要在一片湖泊上建造城市会发生什么就可想而知了。

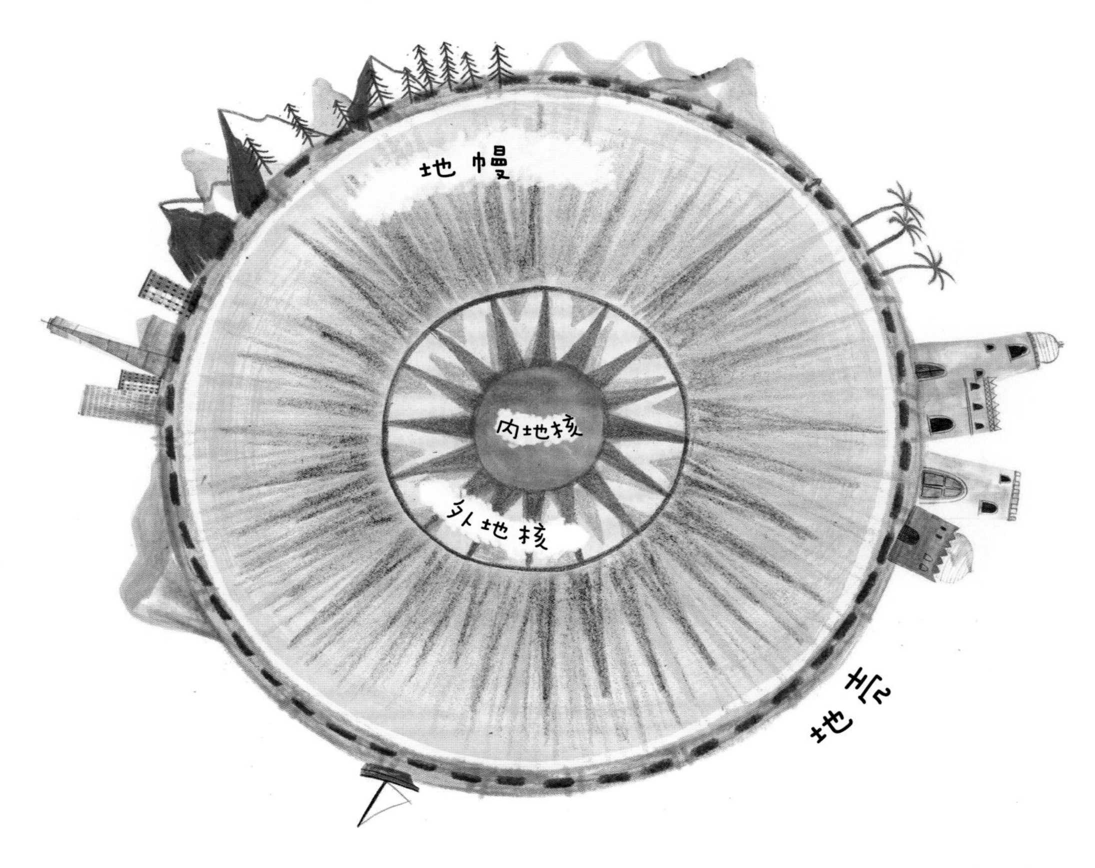

深挖地

地球是由不同的圈层组成的。最外层是地壳，大约有40千米厚。我们大陆和海洋的底部就是由它构成的。里面一层叫地幔，它要厚得多，几乎有3000千米。接下来是外地核，那里温度非常非常高，科学家推测所有的东西都熔化成了液体。最后，在地球的中心是坚硬的内地核。如果你从地表打个洞，直达地球正中心，那距离差不多和从英国伦敦飞到印度新德里是一样的。

各种各样的土壤

我们的建筑物都有建在地壳上的地基。最深的地基可以达到地下150米的地方，而那不过是地壳这一圈层很小的一部分。

我们脚下的地壳是由世界各地不同类型的土壤和岩石组成的。在沙漠这样的地方，地下岩层的顶上有一层厚厚的沙子。在靠近河流的地方，土壤由于含水而变得湿软，甚至变成了淤泥。有些地方有砾石（也就是大大小小、混在一起的石头），下面是黏土，再下面是沙子。这就让每种建筑物的施工方式都不一样，因为每种类型的土壤都需要不同的地基和施工方式。

在设计地基之前，我们需要知道是在哪种类型的土壤上盖房子。一种方法是用专业的地图，它能告诉你这块土地的历史。我们还可以挖一些比较浅的洞，看看地表下面的土质情况。在很深很深的地方，我们就会用钻孔或者深井。比如，我们会探测地下30米深的断面，并通过探测结果来判断地下土层的情况。

各种各样的基础和作用力

筏形基础

筏形基础是在较软的土壤上盖房子时用的。它是用混凝土或其他坚固的材料制成的厚板，可以浮在地面上。就像一艘船会把我们的重量分散到水面上，并防止我们沉下去一样，筏形基础会把建筑物的重量分散到地面上。

但是，如果建筑物太重，或者土质太软，筏形基础也会下沉。那么我们就会用桩基础，也就是把长长的柱子插到地里。建造桩基础可以用打桩机，它有巨大的螺旋钻头，能在地下挖出又深又细的洞。然后再往这个洞里填入混凝土。过去，桩基础是用树干制成的。今天，除了混凝土，还可以选择钢材或者木材。

桩基础

桩基础是非常巧妙的。它有两个办法来支撑建筑：利用摩擦力或者支撑力。

比如，你穿着袜子在木地板上滑动你的脚，是很容易移动的。但穿上鞋之后，你的脚就会“粘”在地板上。这是因为鞋子增大了你的脚和地板之间的摩擦力。摩擦桩也是这样，在桩和土壤之间形成摩擦，避免房子下沉。

这里的要点是保证有足够的摩擦力哟！

假如摩擦力不够大，无法支撑房子的话，我们可以再往下深挖，直到找到非常结实的岩土层来做支撑。这时，桩基础就能直接立在这种材料上，而不会再往下沉了。这就叫支承桩。

湖上的城市

1325年，美洲的阿兹特克人在特斯科科湖上建造了他们的新城市特诺奇蒂特兰。他们曾经看到过一个幻象：他们的神灵维齐洛波契特利（战争与太阳之神）告诉他们，新的都城必须建在一个特殊的地方，那里要有一只立在胭脂仙人掌上、嘴里叼着蛇的老鹰。阿兹特克人用250年的时间找遍了美洲，终于找到了这个神迹。可是有老鹰和蛇的仙人掌在一座湖中间的小岛上！于是，他们在一部分湖中填上土，并在木桩上建造平台，从而建起了一座优美的城市。那里风景如画，水渠交错，还有高大的金字塔式台庙。它的统治者拥有广阔的土地。

墨西哥城

西班牙侵略者在1521年占领了特诺奇蒂特兰。他们摧毁了这座古城，并开始在那里建造一座新的城市。他们填上了剩余的湖面，又盖了许多房子，还有一座大教堂。

墨西哥城是在特诺奇蒂特兰的遗址上建造起来的。从那以后，城市又扩大了许多，但它的中心依然在被填实的湖上。这里的土非常潮湿和柔软，所以房子都在下沉，而且非常快。那就像一碗果冻，而上面全是房子。在过去的150年里，这个地区下沉的深度已经超过了一座三层楼！

下沉的大教堂

墨西哥城中心的大都会大教堂由于地质的情况，也发生了下沉和倾斜。建筑不仅整体倾斜，而且某些部位还有坍塌的危险。在20世纪90年代，工程师不得不去拯救这座建筑。

这座大教堂坐落在一座古代阿兹特克金字塔形建筑的上方，所以也在填实的湖上。西班牙工程师建造了一个筏形基础，将建筑物的重量分散到土中，但这里的土质太软，于是它开始不均匀下沉。

想象一下，你有一碗沙子，上面是个杯垫。如果你按下杯垫的一角，你就会看到下面的沙子被挤压，而杯垫就会歪斜。为了让杯垫恢复平正，你有两件事可以做。要么按下杯垫的对角，要么把翘起的一角下面的沙子挖走一些，直到杯垫平正。

拯救大教堂

假如杯垫是一座巨大的大教堂，你就不可能有足够的力量把大教堂按下去，恢复平正！所以天才的工程师在它的基础下面挖了32条通道，就像水井一样。然后他们把水抽出来，从通道上钻了又长又细的水平方向的通道，再从里面把土取走。在大教堂向上倾斜最严重的下方，他们取出的土也最多。通过这种办法，大教堂就开始慢慢朝着相反的方向倾斜，变得平正了。

后来怎么样了？

人们一直在对大教堂进行监测，看它下沉了多少。好消息是它下沉得非常缓慢，而且不再倾斜了。大教堂得救啦！工程师从保护大都会大教堂中获得的所有经验都可以给未来的工程师借鉴，特别是用到条件艰难的建筑施工上。而人口增长和气候变化是造成这种不利影响的部分原因。

临时性的钢梁和支架撑起了大教堂的拱券和柱子，以避免在工程师进行土壤施工时，因突发的移动对结构造成破坏。
中央穹顶下有一个巨大的导弹形钟摆，它会显示大教堂偏移了多少。
大教堂到处都有装在玻璃盒子里的传感器。它们通过无线的方式将数据传送到意大利的实验室。那里的工程师会监测建筑物的状况。
大教堂下方有32个人工挖出的又大又长的通道。它们穿过基础，深入地下。这样，工程师就能抽出大教堂下面的水了。

大都会大教堂

压力垫监测着每根柱子承受的压力。假如压力发生了变化，建筑就很可能会再次倾斜。

20世纪90年代以来，这座大教堂每年下沉60～80毫米。

从这些较大的通道上钻出了1500个水平的小通道，以便从地下取出土来，使大教堂平正。

考古学家在大教堂下方的一条通道中发现了一座原始的阿兹特克金字塔形建筑。

如何把房子盖得高耸入云？

碎片大厦是西欧最高的大厦。它靠近英国伦敦的泰晤士河，并有一个独特的三角造型。高层建筑极具挑战性，而且在设计上非常有意思。大自然中有各种不同的作用力，我们需要去抵御它们，才能保证摩天大楼屹立不倒。

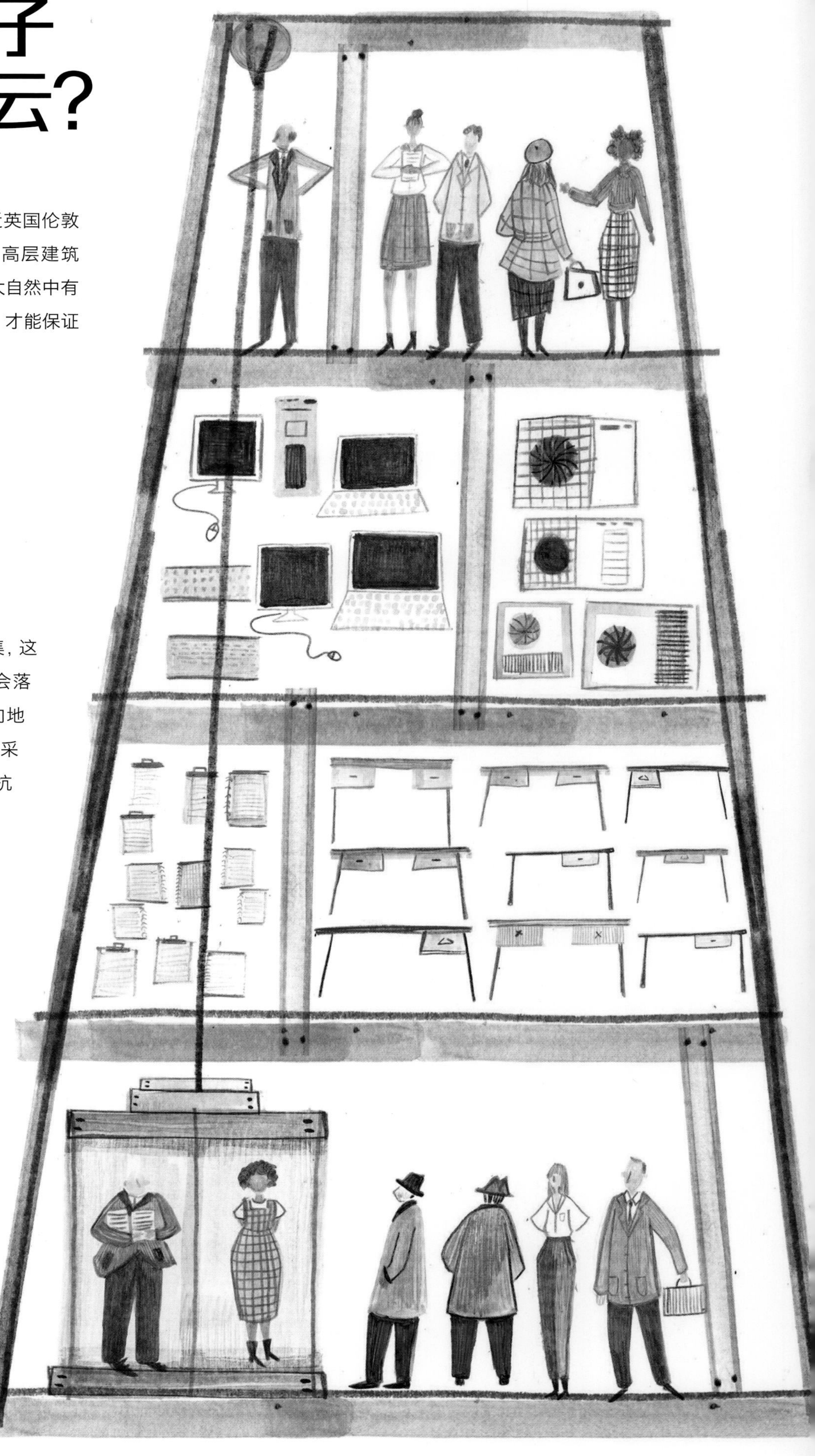

是什么让房子屹立不倒？

重力吸引着万物向地球的中心聚集，这就是为什么我们把球抛到空中后，它又会落下来。重力也会将我们所有的建筑物拉向地心。工程师的工作就是保证建筑物的框架采用了正确的材料，并且有足够的强度来对抗这种力量。

建筑的主要框架由水平方向的梁和垂直方向的柱子组成。梁支撑着地面和屋顶。柱子支撑着梁，并构成墙体。对于摩天大楼，我们必须计算一下建造它的材料有多重，以及房子里面的东西有多重——从电梯、空调机组、书本、计算机、桌子，到所有的人！然后我们就可以进行计算，来检查钢和混凝土的梁和柱子会不会被这些重量压断，从而保证我们的摩天大楼达到惊人的高度。

横梁

想象一下，用两只手横着握住一根胡萝卜的两端，将它折成一个U形。这时，U形底部靠上的部分会被挤压，而下部会被拉开。工程师把这种挤压的力量叫压力，而拉开的力量叫拉力。当拉力足够大时，胡萝卜就会被拉断。当压力足够大时，胡萝卜就会碎掉。胡萝卜就类似横梁。工程师会检查作用在梁上的各种力，以保证梁不会移动过多，或是断裂。

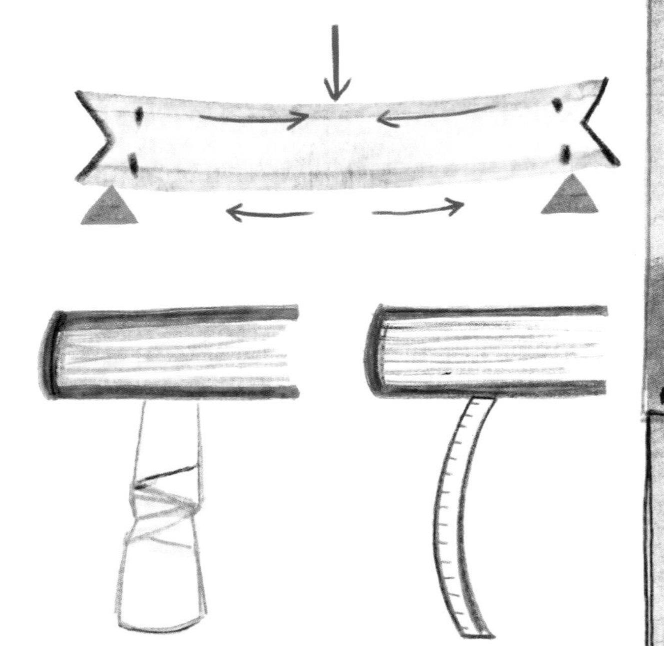

立柱

试试这两个简单的实验，你就会看到柱子是怎样失去支撑力的。用一张纸卷成一个筒，并用胶带粘好。把纸筒立在桌子上，然后在上面放一本又小又轻的书。你会看到，这个纸筒的强度足以撑住这本书。这就是起作用的柱子。但是，假如你放上一本非常重的书，纸筒就会垮掉，书就会掉下来。这就是失效的柱子，被压垮了。要撑起这本很重的书，需要一个更结实的纸筒。柱子也会因为弯曲而失效。假如你在桌子上立起一把尺子，然后往下压，你就会看到它弯了。别压得太使劲儿，会折断的！

为了强度而发明的钢

数百万个微小的粒子按照不同的模式排列起来构成具有三维结构的晶体。钢铁这种金属也是由它们构成的。最早用在大房子上的金属是熟铁。但这是一种相对较软的金属，因为它的晶体在受到压力和拉力时会微微滑动。为了让铁的强度更高，工程师在里面加上了碳。碳原子分布在铁的晶体结构里，就不会让它们移动那么多，于是就形成了一种新的金属——钢。当你试着把钢拉开时，晶体不会那么容易移动，所以它是一种更结实的建筑材料。但你需要适量的碳：太多了就会让金属变脆，也就是很容易断裂。

钢是怎样炼成的？

为了把房子盖得高，我们要先采集地下深处的材料。从地下挖出的铁矿石里带有各种杂质——碳、硅和磷。一位叫亨利·贝塞麦的英国工程师在19世纪发明了一种廉价的炼钢工艺。他把铁块放到封好的熔炉里熔成铁水，再往里面吹热风。这时就发生了一种化学反应。空气中的氧与铁里的碳反应，释放出大量的热。这种热会去除碳杂质，并留下纯净的铁水。然后，贝塞麦就能加入所需的准确重量的碳，从而炼出更好的钢。此后，钢被用到了世界各地，建成了雄伟壮观的房屋、桥梁、体育场和铁路。

在家试试看：钢

拿一个大盘子，在上面倒一些麦丽素（一种巧克力球）。用你的手掌在上面搓动。你会看到巧克力球很容易滚动，这就像纯铁的晶体。现在在巧克力球之间撒上一些葡萄干，再搓搓看。葡萄干挡住了巧克力球，滚动起来就没那么容易了。这也就是碳原子让钢更结实的原理。

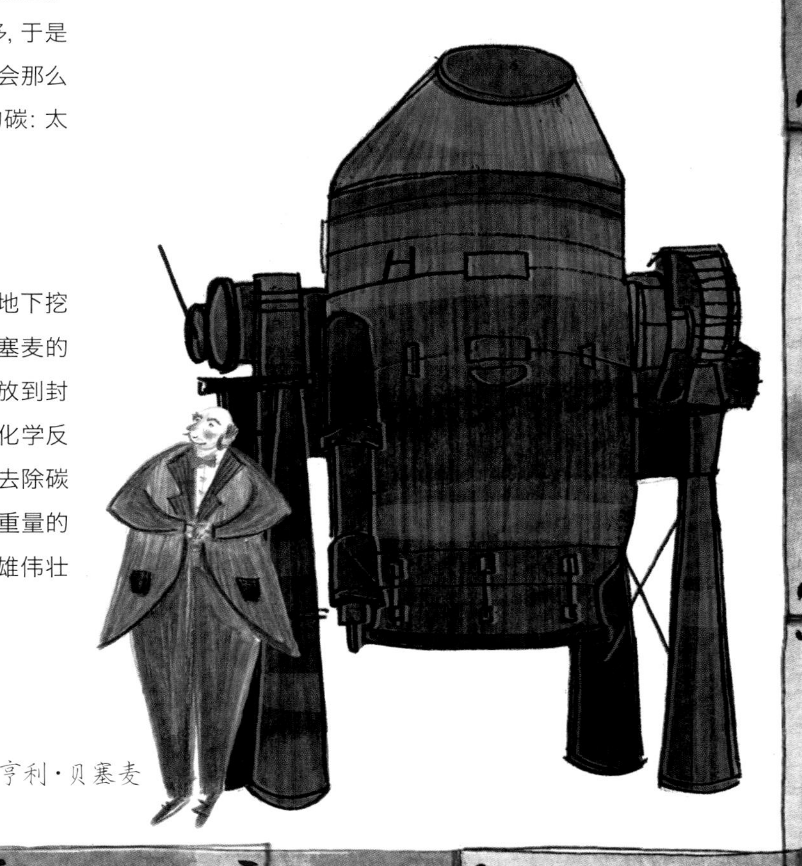

亨利·贝塞麦

碎片大厦

碎片大厦有310米高，它有一个混凝土制成的核心筒。这个核心筒位于高层建筑的中心，保证大厦能够抵御风力。

碎片大厦有1.1万块玻璃板，总面积足以覆盖八个足球场！

碎片大厦是由几个巧妙设计的吊车建成的。这些吊车是在施工过程中分阶段组装起来的。其中一个吊车放在大厦核心筒的顶上。随着核心筒的增高，这架吊车也能和它一同升高。

另一架吊车装在大厦高度一半的位置，它是用来把大厦一直盖到最高处的钢尖顶上的。为了在施工完成后拆下这架吊车，在72层又建了一架小吊车。但是我们怎么再把这架拆下来呢？我们又用了一架吊车，这回是在87层！

混凝土被用在了酒店和公寓区上，那里有许许多多的墙体和各种各样的房间。在这里最好是用混凝土，因为混凝土楼板更薄，能节省空间。而且混凝土更吸声，能让客人睡得更好！

钢梁能承受很大的拉力，并且可以在很长的距离上无须柱子支撑，被用于办公层，那里需要开放的大空间，而不能有过多的结构物。

碎片大厦的顶部叫尖顶，是用钢建成的。尖顶的钢梁和柱子用螺栓（就像大螺丝）和焊接（用炽热的火焰把钢熔化后，将不同的部件连接在一起）的方式仔细地连接在一起。

碎片大厦有87层。第72层上有一个观景台。

2012年7月5日，为庆祝碎片大厦外部的竣工举办了一场精彩的激光和聚光灯秀。

伦佐·皮亚诺

伦佐·皮亚诺是一位著名建筑师。碎片大厦就是他设计的。他还一同设计了巴黎的蓬皮杜中心。他的碎片大厦设计是从伦敦的教堂和大船的桅杆上得到灵感的。

尖顶上外露的钢结构涂有特殊的油漆，能在风吹日晒下保护它。

施工期间使用了五架塔式起重机。

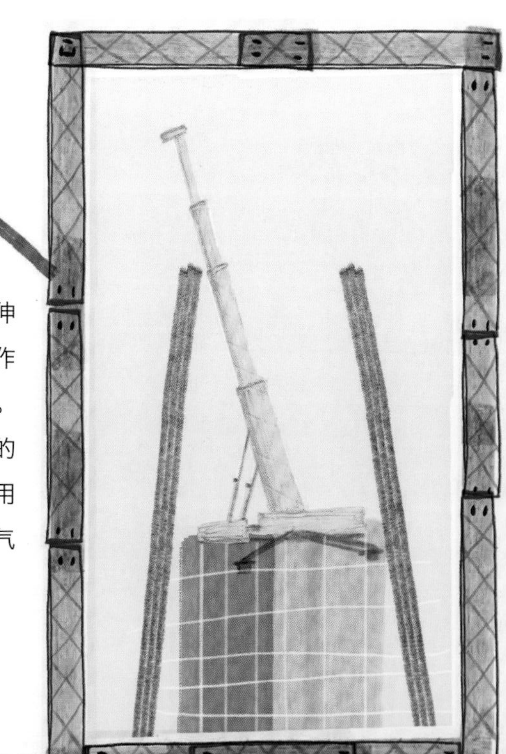

87层上最后这架吊车是伸缩式的，也就是说它在工作时能伸开，不用时则缩小。它永久地留在了碎片大厦的顶部，至今仍在使用——用来清洁玻璃。如果你运气好，也许能看到这一幕。

碎片大厦有44部电梯，其中有很多是双层电梯。

碎片大厦使用了超白玻璃，使大厦看上去会随着天气和季节改变颜色。

碎片大厦里的结构钢有1.25万吨重。这要比900辆伦敦巴士或者70头蓝鲸还重！

大厦使用了5.4万立方米混凝土——足以填满22个奥运会标准游泳池。

它的基础局部有54米深。

为了节省时间，地下层与地上层同时施工，这叫由上而下的施工。这是第一次将这种技术用在核心筒上。工程师在混凝土桩基础里装上了钢柱，并首先建出了地面层的大部分。然后他们向下挖，建成了地下室。桩基础里的钢柱支撑着地面层的楼板，并让工人能同时在上面施工。

建造高层建筑的机器

为了让房子盖得高，我们要把各种材料吊到高处，而使用的机器叫作吊车。现代的吊车是由十字交叉的钢构件组成的，顶部还有一个大长臂，叫作悬臂。悬臂的端头有结实的钢缆，以及悬挂需要搬运的重物的钩子。钢缆是由滑轮卷回的，它会将带着建筑材料的钩子拉上来。

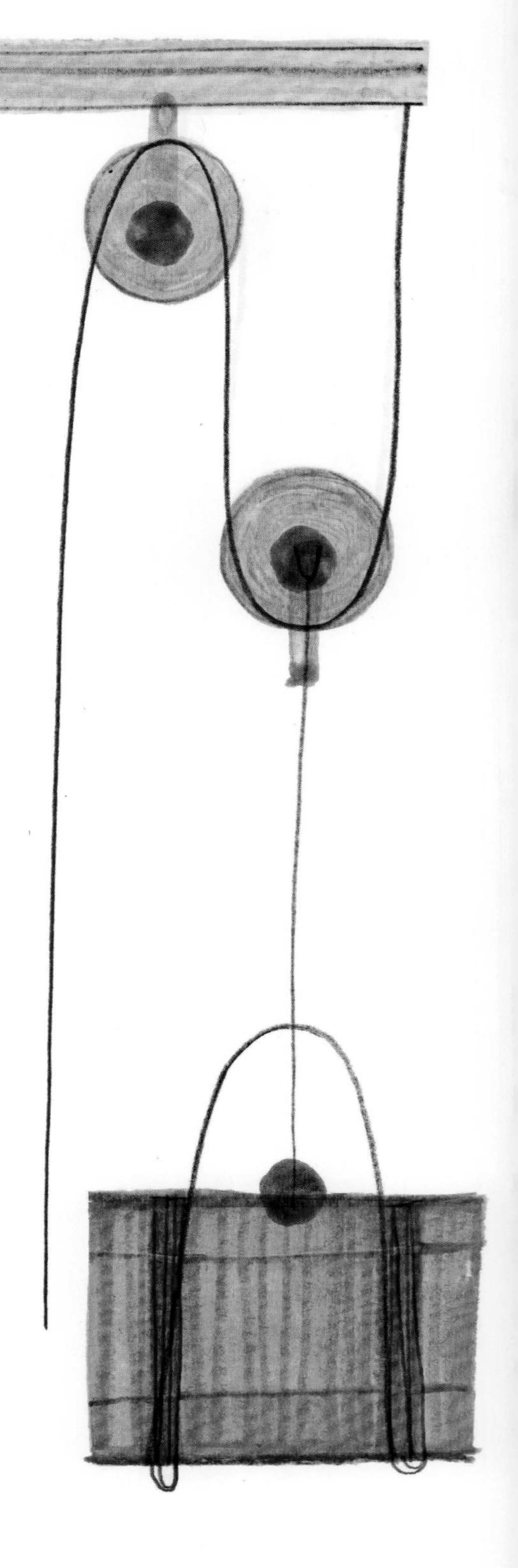

滑轮是什么？

滑轮是卷着绳索的轮子。绳子的一头系在需要拉到高处的重物上，另一头有时由人来拉。在古代，滑轮常用来从井中吊起盛满水的桶。后来，人们发现了轮滑的更多用途。

但是要吊起非常重的东西，我们就需要古希腊科学家阿基米德的发明——滑轮组。它由多个滑轮组成，并有一根绳子从各个滑轮中穿过。这就能帮助人们吊起更重的东西，因为拉着绳子另一端的人不需要用与重物同样的力。假如你有两个滑轮而不是一个，那你可能只需要一半的力。这就让把各种材料吊到空中容易得多了。罗马人曾把滑轮组用到吊车上，并凭借这个发明，建成了许多高层建筑，比如他们的多层公寓。

阿基米德

吊车的类型

塔式起重机

最适合把材料吊到高空。这种吊车经常被用来建造高层建筑。

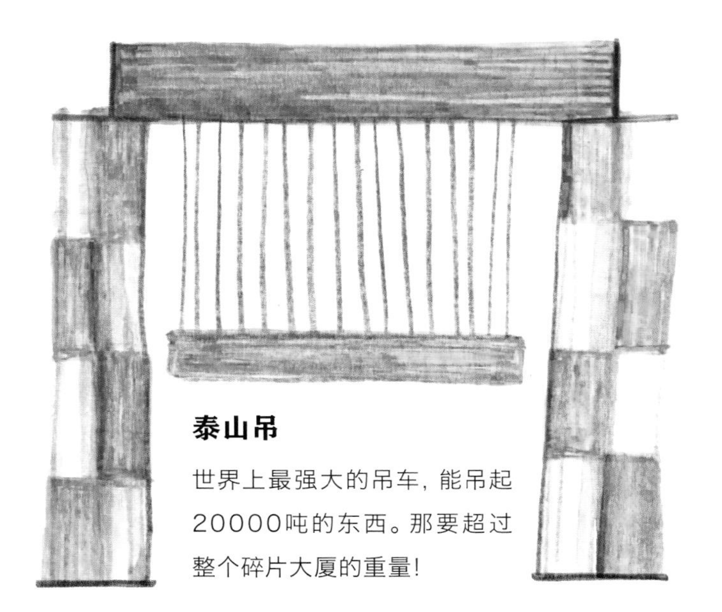

泰山吊

世界上最强大的吊车，能吊起20000吨的东西。那要超过整个碎片大厦的重量！

汽车起重机

可以行驶并停在需要使用的地方。

伸缩起重机

是用一个个套管组成的。套管伸长后就会形成长长的吊臂，吊起重物。

门式起重机

有两条大长腿，中间是一道横梁。它可以吊起很重很重的东西！

世界上还有更多的摩天大楼！

美国纽约世界贸易中心一号楼

高541米，2014年建成。它的高度折合1776英尺，是为了纪念美国《独立宣言》签署的年份。

中国上海环球金融中心

高492米，2008年建成。它独一无二的设计可以减少风压。

美国纽约帝国大厦

高381米，1931年建成。它作为世界最高建筑的纪录保持了约40年。

瑞典马尔默扭转大厦

高190米，2005年建成。这是斯堪的纳维亚地区最高的塔楼，有着独特的造型——看上去就像一个人在扭动腰身。

马来西亚吉隆坡石油双塔

高451米，1998年建成。这是世界上最高的双塔建筑。

中国台北101大楼

高508米，2004年建成。这座建筑能够抵御台风和地震。

墨西哥城马约尔大厦

高225米，2003年建成。它有一个特殊的框架，里面有帮助降低地震时大楼震动幅度的阻尼器。

沙特阿拉伯麦加皇家钟塔酒店

高601米，2012年建成。它拥有世界上最大的钟盘。

如何把大桥修得长？

美国纽约的布鲁克林大桥是一座优美的悬索桥，1883年通车。它将曼哈顿与布鲁克林的各个地区连接在一起。

这是第一座用钢缆建成的悬索桥，也是美国第一座跨越东河的桥。当时有一位名叫约翰·罗布林的德国工程师住在美国，他被请来设计这座桥。非常遗憾的是，他在施工开始之前就去世了。他的儿子华盛顿·罗布林在妻子埃米莉·瓦伦·罗布林的帮助下继续了这项伟大的工作。

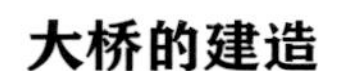

大桥的建造

大桥的建造可能非常困难，因为它们往往都需要跨越复杂的地形。在深谷之上架桥时，工程师只能在两端做上基础，并保证桥面能达到这个跨度，而没有额外的支撑。这些基础通常由混凝土制成，并固定在两侧的山坡上。然后，由吊车完成桥梁其余部分的吊装——既可以是整个桥体，也可以分段吊装后再连接起来。

有时，大桥会很长很长，而山谷并不是很深。工程师就会为桥面加上更多支撑。基础会建在下面的河床、海底或干涸的峡谷中。假如桥面是用缆绳吊起的，就像布鲁克林大桥那样，那么就要先造两端的桥塔，再从它们上面拉起缆绳。然后工人就可以建造桥面，再用上面的缆绳把它吊装好。

沉箱

19世纪出现了一种令人激动的新技术，也就是沉箱。它被用来建造水下的基础。布鲁克林大桥有两座高塔，这就需要东河下面有坚固的基础。沉箱是很大的气密室，但它没有底板。当它放到水中时，里面的空气会排出河水。当沉箱侧壁沉入河床的泥中时，气密室就会封闭起来。然后人就可以从河面上的管道下到里面去建造基础。

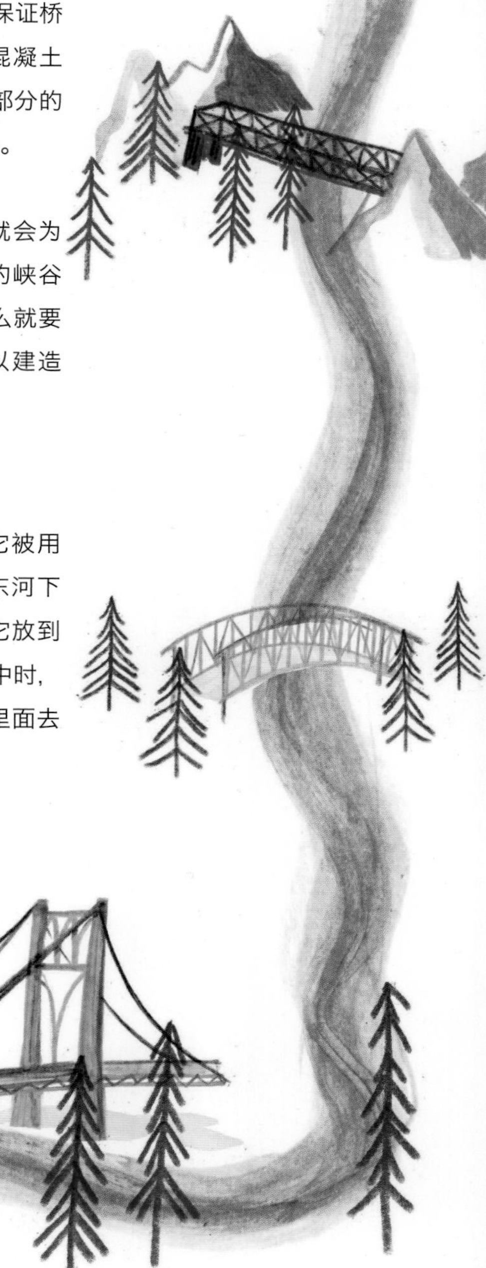

给沉箱打气

过去曾用沉箱来建造基础，但对于这座桥，需要沉到河下很深的地方。我们知道，水下越深的地方，水的压力就越大。这就意味着河水会狠狠地挤压沉箱的壁面，甚至通过下面潮湿的河底露出气泡来。所以，华盛顿·罗布林给沉箱增加了一个新的功能：他往水下的密闭室里打气，以帮助沉箱抵抗外面的水压。这样它们就可以到达河面以下更深的地方啦。

沉箱病

人类能够潜到海面以下最深的深度，大致与碎片大厦的高度相当，也就是300多米。大部分潜水者最多达到水下40米的地方。由于水面和深水处的压力不同，潜水者不能过快上浮或释压，否则他们就会生病。

但是100多年前，医生并不十分了解这种疾病。他们把这叫作沉箱病。患有这种病的人不时会因为剧痛而肢体弯曲，这就是为什么它也叫弯曲症。华盛顿·罗布林和很多其他人一样，每天都往返于沉箱与地面之间。很快，他就患上严重的头疼，并出现关节疼痛和抑郁。这就意味着他不能再到现场监督工程了。

这时，埃米莉出现了……

在家试试看：沉箱

把一个平底玻璃杯倒着扣进一罐水里，水底要铺好沙子。杯子边缘扣到沙子上，把杯子里的空气封住了，水就进不来了。如果这个水罐很深，水对平底杯的压力就大得多，并且有水开始从沙子中渗进来。假如有一根吸管从水面通向平底杯的顶部，你就可以往里面吹气，防止继续渗漏。这种沉箱叫作压气沉箱。

布鲁克林大桥

布鲁克林大桥在正式通车时，是世界上最长的桥。它也是第一座使用钢缆的悬索桥。

施工中使用的每个沉箱都是50米长、30米宽。此外还聘请了一位医生，来负责在里面工作的人的身体健康。

桥面是由挂在两座高塔上的钢缆吊起的。最结实的四条钢缆直径近41厘米。

一座桥塔上的青铜铭牌，是为了纪念“这座大桥的建造者”——埃米莉、她的丈夫华盛顿·罗布林和他的父亲约翰·罗布林。

桥塔是由石灰石、花岗岩和水泥建成的，达到了82米的高度，这让它成为19世纪纽约天际线上一道亮丽的风景。

这座桥有1.8千米长，横跨在东河上。两座桥塔之间相距486米。

FRANKELS

这座桥在1883年5月24日
由美国总统切斯特·阿瑟
正式宣布通车。

埃米莉·瓦伦·罗布林
非同凡响的工程师

华盛顿·罗布林

埃米莉生于1843年，她有十一个兄弟姐妹。她与长兄古弗尼尔·瓦伦关系非常密切。古弗尼尔知道埃米莉对科学有着浓厚的兴趣，并保障她得到了良好的教育。这对于当时的少女来说很不寻常，她们通常不被允许去上学。

当长兄去参加美国内战时，埃米莉去探望他，并在那里遇见了士兵华盛顿·罗布林。他们坠入了爱河，并数百次书信传情。

埃米莉与华盛顿结了婚，并在战后与他一同前往德国，学习沉箱的技术。

埃米莉·瓦伦·罗布林

埃米莉的公公约翰·罗布林开始了布鲁克林大桥的设计，但在规划阶段，他在码头的一次事故后死亡。之后由她的丈夫华盛顿·罗布林先生来管理这项工程，直到他患上沉箱病。

埃米莉非常担心也会失去丈夫。她从华盛顿那里记下了很多东西，以保存他关于这座桥的知识。然后，她开始帮他回复信件，推进工程。

在19世纪中叶，女性学习工程学被认为是不同寻常的，但这并没有阻止埃米莉的脚步。她还是学习了复杂的数学、缆绳和施工的知识。

很快，埃米莉就开始监督工程，并考察施工现场——工地上出现女性在当时是前所未闻的。

这是一项复杂的工程，并且在尝试新的技术和材料，所以不出所料，埃米莉很快就面临着各种挑战。

工程需要越来越多的资金。

工地上的施工让许多工人面临着生命危险。

随后，在1879年，英国苏格兰的泰桥坍塌。人们担心布鲁克林大桥也难逃噩运。布鲁克林市长想解除华盛顿·罗布林的工程职务。

为了终止工程，甚至有人把罗布林夫妇告上法庭，说他们受贿。

但是埃米莉慢慢解决了各种设计问题。她非常善于同各方面的人合作，并向工人和政治家保证工程会顺利进行。她成功地说服了每一个人，罗布林夫妇得以继续他们的工作。

埃米莉花了11年时间管理工程。当大桥最终开通时，她一定非常自豪。她在落成仪式之前就正式跨过了大桥。当时，她坐在一驾马车上，据说还带着一只公鸡，以祈求好运。

如何造出圆圆的穹顶?

意大利罗马的万神庙是一座历史悠久的古建筑。在漫长的历史中，它曾有很多种不同的使用方式：罗马神灵的庙宇、基督教的教堂，还有陵墓。了不起的是，它到今天几乎有两千年的历史了。

当你走进万神庙，头顶上那优美的穹顶便会吸引你的目光。它的曲面上布满了正方形的图案，正中央还有一个圆形的洞口，也就是圆窗。光和雨水可以从这里进来。这个穹顶是灰色的，并由混凝土制成——这是一种非常重要的建筑材料。除了水以外，它是地球上人类使用最多的物质之一。

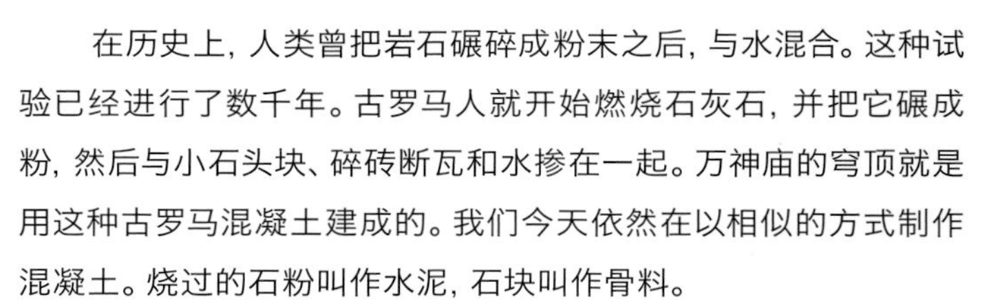

混凝土的制作

如果你把岩石碾成粉，再把它和水混合起来，基本上不会发生什么。但是，假如你先烧一烧石灰石这样的材料，然后把它们碾碎，再倒上水，就会发生一种叫作水合作用的化学反应。这时混合物就开始变得黏稠，液体变得像果冻一样，最后成为固体。

在历史上，人类曾把岩石碾碎成粉末之后，与水混合。这种试验已经进行了数千年。古罗马人就开始燃烧石灰石，并把它碾成粉，然后与小石头块、碎砖断瓦和水掺在一起。万神庙的穹顶就是用这种古罗马混凝土建成的。我们今天依然在以相似的方式制作混凝土。烧过的石粉叫作水泥，石块叫作骨料。

所以：水泥+骨料+水=混凝土

好的混合方法

为了制出好的混凝土，水泥、水和骨料需要仔细地称量。水泥太多就无法全部与水反应，让混凝土的强度不足。水太多了就会稀释混合物。骨料需要充分地混合，否则较大、较重的石块就会沉到底部，让混凝土不够均匀、强度不足。

这就是为什么混凝土搅拌车的后部会有一个不断旋转的大滚筒。工程师会按准确的数量放入各种材料，然后滚筒就会转啊转，将各种材料混合起来。这样当车到达工地时，它就可以用大软管把混凝土浇到需要的地方。

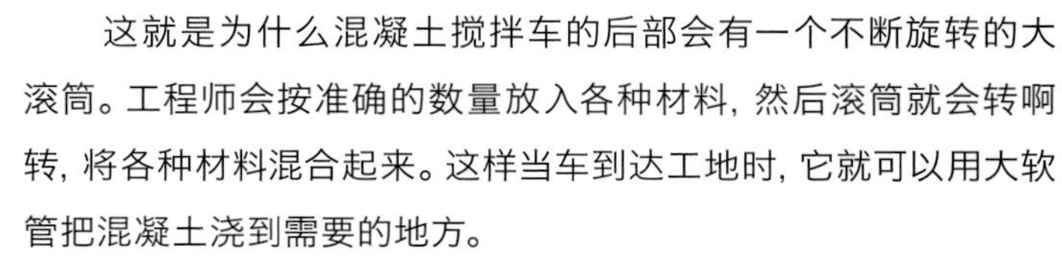

奇怪的材料

我们用混凝土建造各种各样的房子，从摩天大楼和大桥，到隧道和其他道路。当作用在混凝土上的力挤压它的时候（这叫作压力，还记得吗？），它是一种非常结实的材料。即使有80头大象站在一块混凝土上，它也安然无恙。混凝土的使用寿命很长，并能够埋在地下数百年。这也就是为什么我们大部分的基础都是用混凝土建造的。

可是，混凝土在作用力把它拉开时，就会很脆弱——这就是我们说的拉力。当混凝土建筑受到拉力时，就会出现细小的裂口。然后小裂口会变大，降低建筑物的强度。今天处理这种问题的方法是用另一种材料进行强化，通常是钢。后面我们会详细地讲。

古罗马人在建万神庙的时候，意识到混凝土是最理想的材料。要知道为什么，你就需要多了解拱券。

拱券

你可以在家里制作一个简单的拱券：用一张长条卡纸和两块橡皮。把橡皮放在桌子上，隔开大约一个手掌的距离。然后把卡纸弯成彩虹的形状，再把两端顶在橡皮上。如果你轻轻按下拱的顶部，就能想象到作用力在沿着两侧，以压力的形式向下传导。

这就是拱券神奇的地方：当向下的作用力均匀地分布在拱券上时，它们总是受到压力。这就是混凝土为什么非常适合做拱券：它不会被拉开，所以能够抵御巨大的重量或者荷载。

古罗马人用这种形式建造了巨大的桥梁。位于现在法国的加尔桥输水道使用了三层重叠的石拱，形成了可以把水输送到附近城市的大桥。

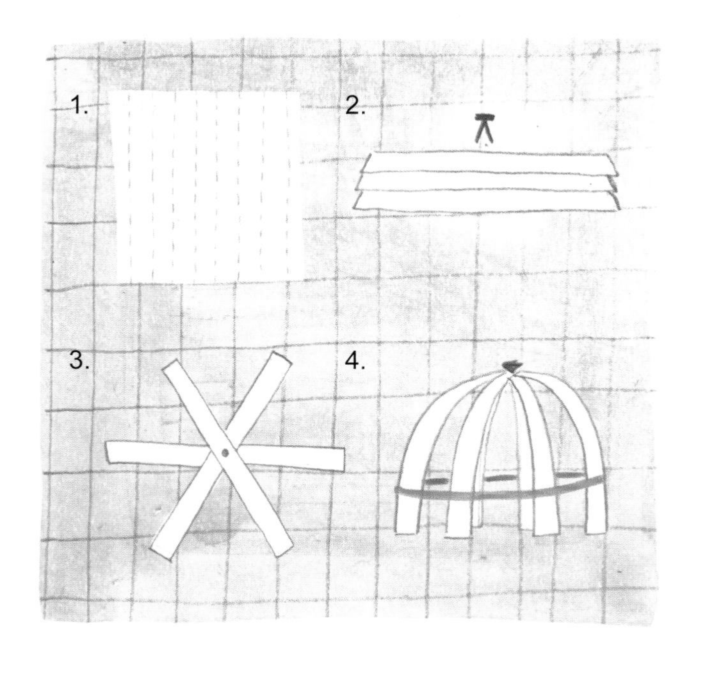

从拱券到穹顶

穹顶是三维的拱券，它的形状更复杂。作用力在穹顶中的传导方式与拱券是不同的。要建造穹顶，你需要把一张卡纸剪成长度相等的细长条。把这些纸条叠在一起，再从中间钉上。然后把这些纸条展开，再在底部用橡皮筋勒住它们。这表明穹顶的大部分都是承受压力的，但你也需要拉力把纸条固定在一起（是橡皮筋把穹顶的底部绑住的）。

混凝土是建造穹顶的绝好材料，但你确实会在靠近底部的位置遇到一些拉力。为了保证万神庙有足够的强度来抵御这种拉力，古罗马人建造了穹顶的鼓座，它的厚度是顶部的五倍。

万神庙

万神庙拥有世界上最大的无钢筋混凝土穹顶，而且距今几乎有两千年之久了！
万神庙的入口有16根科林斯柱子支撑。它们是经尼罗河从古埃及运来的，途经地中海，最后通过台伯河运到罗马。

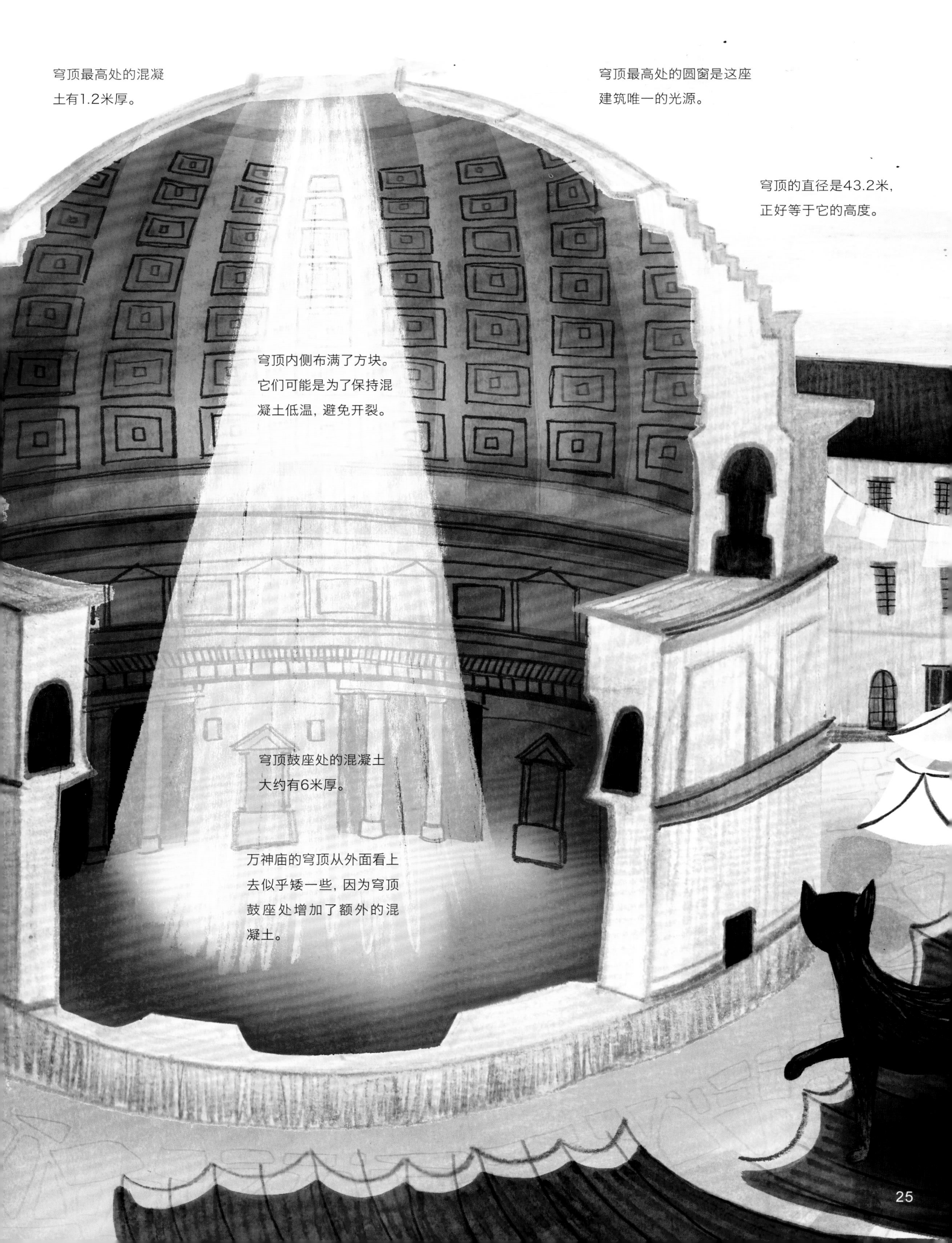
穹顶最高处的混凝土有1.2米厚。
穹顶最高处的圆窗是这座建筑唯一的光源。
穹顶的直径是43.2米，正好等于它的高度。
穹顶内侧布满了方块。它们可能是为了保持混凝土低温，避免开裂。
穹顶鼓座处的混凝土大约有6米厚。
万神庙的穹顶从外面看上去似乎矮一些，因为穹顶鼓座处增加了额外的混凝土。

混凝土技术的发展历程

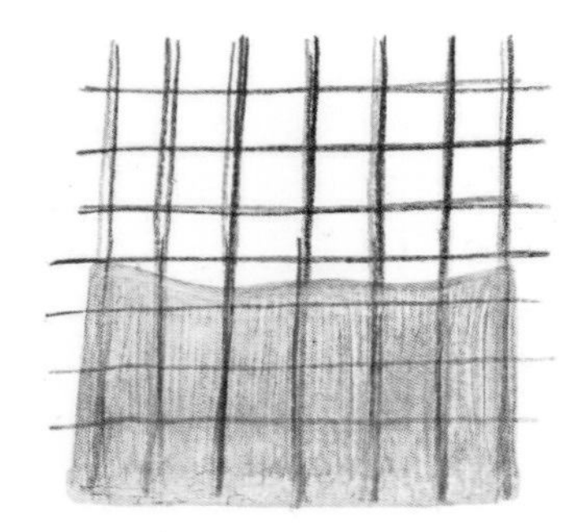

万神庙至今仍是世界上最大的无钢筋混凝土穹顶。在过去的150多年里，钢筋被添加到混凝土里，使它成为结实的材料。这就意味着混凝土建筑可以盖得更大，也更大胆。

约瑟夫·莫尼耶

约瑟夫·莫尼耶生活在大约150年前，是一位法国园艺师。在对黏土花盆不断开裂忍无可忍之后，他试着用混凝土来做花盆，但即便这样也不能避免开裂。于是，他试着在混凝土花盆的壁内放上金属网，这次花盆没有再开裂！莫尼耶意识到，是金属网将混凝土连成一体，并防止它过多开裂。金属在受到拉力时，是不易断裂的，所以给混凝土加上铁或钢，就会形成一种非常坚固的材料。

钢筋混凝土

在古代就有以这种方式将两种材料混合起来盖房子的方法。这就是用泥巴和草秆混合起来盖成的土坯屋。土坯被很多地方的人用来建造土墙，比如摩洛哥的柏柏尔人、埃及人、巴比伦人等。草秆的作用和钢筋是一样的——将泥巴连接在一起，防止开裂。事实上，在英国维多利亚时代，涂在墙面上的石膏里往往都掺有马鬃！

工程师意识到了钢筋和混凝土是如此好的搭配，于是开始在全世界的建筑上使用。你今天看到的大部分混凝土楼宇、桥梁、大坝和隧道，里面都嵌有钢筋网。

混凝土建筑的杰作

胡里奥特略遗址博物馆，秘鲁皮斯科附近

这座古代墓地附近的博物馆是由混凝土建成的。为了与周围的沙漠融为一体，它的表面被染成红色。

塔列拉美术馆，墨西哥库埃纳瓦卡

这个艺术胜地被优美的混凝土格栅包围着。当阳光照在墙面上，灵动的影子便绘出细密的图案。

二十一世纪国家艺术博物馆，意大利罗马

这个灰色的混凝土建筑用来纪念罗马数千年使用混凝土的历史。里面还有一座当代艺术和建筑的国家博物馆。

碎墙，英国雷德鲁斯附近

这堵墙由特殊的模板建成，看上去好像是一种纺织品！它是康沃尔哈特兰旅游景点展出的艺术装置之一。

莲花庙，印度新德里

它有27个花瓣环绕着中心的大空间。这是世界上拜访者最多的建筑之一。

马赛公寓，法国马赛

这座高大的住宅楼是著名建筑师勒柯布西耶在20世纪50年代设计的。

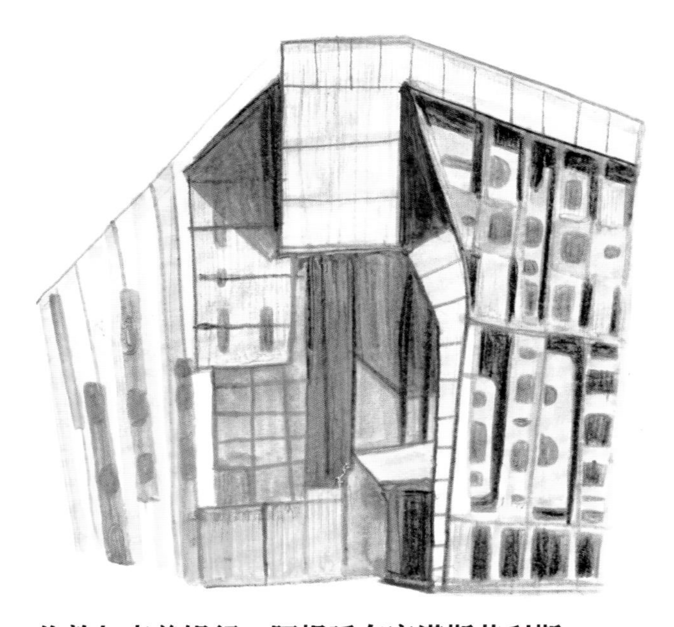

伦敦与南美银行，阿根廷布宜诺斯艾利斯

这座独一无二的建筑有许多能从外面看到的混凝土。它看上去简直就像是用骨头盖起来的。

葡萄牙国家馆，葡萄牙里斯本

这座建筑将钢筋混凝土的独到之处展现得淋漓尽致！它的屋顶看上去就像挂在两座建筑之间的一层轻纱。

如何保障城市的卫生？

我们所有人每天都要吃喝拉撒。一个人每年会产生大约140千克的粪便，而这些污物都需要找个地方排走。

就拿英国伦敦这样的大城市来说吧。那里住着近900万人，这就是说每年有超过10亿千克的臭屉屉要从马桶里冲走！那么它会去哪儿呢？而在没有马桶之前人们是怎么办的呢？

老伦敦

几百年前，伦敦市和周围的地区从泰晤士河以及汇入它的小溪小河得到大量清洁的水。那时人们可没有抽水马桶，所以他们会把所有的污物都倒进河中。随着人口的增长，河水变得污浊不堪。另外，这条河也被用来丢弃人的遗体和动物的尸骨。这就让河水充满了会导致疾病的细菌。

到了19世纪，城市里有20万个粪坑。这些坑就在房子外面，人们会把夜壶（也就是当时的马桶）里的排泄物倒进去。可是这些粪坑会发生渗漏，并造成了更多的污染。工人会清理粪坑，再把里面的东西倒在田中与河里。最糟糕的是，泰晤士河还是伦敦人的主要水源，人们用它来洗衣洗澡、煮饭和饮用。

霍乱

与此同时，成千上万的人染上了一种可怕的疾病——霍乱。医生不知道是什么导致的。很多人认为是一种被污染的空气带来的，并叫它瘴气。1854年，霍乱再次暴发。当时一位在伦敦苏活区工作的医生约翰·斯诺研究了当地人生病的规律。他认为人们用泵打出的污水是致病的原因。但是过了很长一段时间人们才相信他的话。

现代护理学的奠基人弗洛伦丝·南丁格尔也认为疾病的原因是污浊的空气。不过，她也相信良好的卫生是有益的，而城市中健康生活的关键是清洁的水和下水道。这在今天的我们看来是显而易见的，可在她生活的年代却不是！

弗洛伦丝·南丁格尔

“大恶臭”事件

1858年的夏天，伦敦热得不同寻常。大便从粪坑漫溢出来，河水比以往更臭。有人甚至用化学物质浸湿窗帘，试图以此掩盖恶臭。在国会大厦上班的政治家对这种味道忍无可忍，甚至打算离开这座城市。

许多年来，不少工程师都提出了停止向河中倾倒污物的建议，却什么行动也没有。最后，1858年“大恶臭”爆发，政府要求工程师为伦敦的污物设计一个新的系统。

约瑟夫·巴泽尔杰特

约瑟夫·巴泽尔杰特

约瑟夫是1819年出生在伦敦郊区的一位土木工程师。

伦敦有很多支流汇入泰晤士河。因为每个人都在往河里扔大量垃圾，它们基本上就成了排污道。约瑟夫决定建造砖隧道，把它们隐藏起来。他没有让污水排入主河，而是想把它汇集起来，再让它离开伦敦的中心。

为了做到这一点，他在泰晤士河的北边建了三个大下水道，在南边建了两个。这些下水道是从西往东流的。

在下水道与支流交汇的地方，约瑟夫建造了溢流管：它会防止污水流入河中，并引导污水进入新下水道。

下水道

泰晤士河是一条潮汐河，也就是说，河流的方向在一天之中是会变化的。有时河水会流向东边的大海，有时，海平面上升，又让水向西回流。这些新的下水道阻止了大部分污物流到伦敦中心的河里。

但污水总要有个去处，所以约瑟夫把它引到了伦敦的边缘。在这里，收集了污物的水池将污水排入河中。当大海处在低潮时，水的流向是远离伦敦的，同时把污水带走。这就意味着泰晤士河在城市中人口最密集的地区会干净许多。

工程师和工人要挖开伦敦的很多街道，才能建造新的排污系统。这项巨大的工程最终在1875年完成。那时，霍乱基本已经结束，在一定程度上要归功于约瑟夫·巴泽尔杰特的贡献。

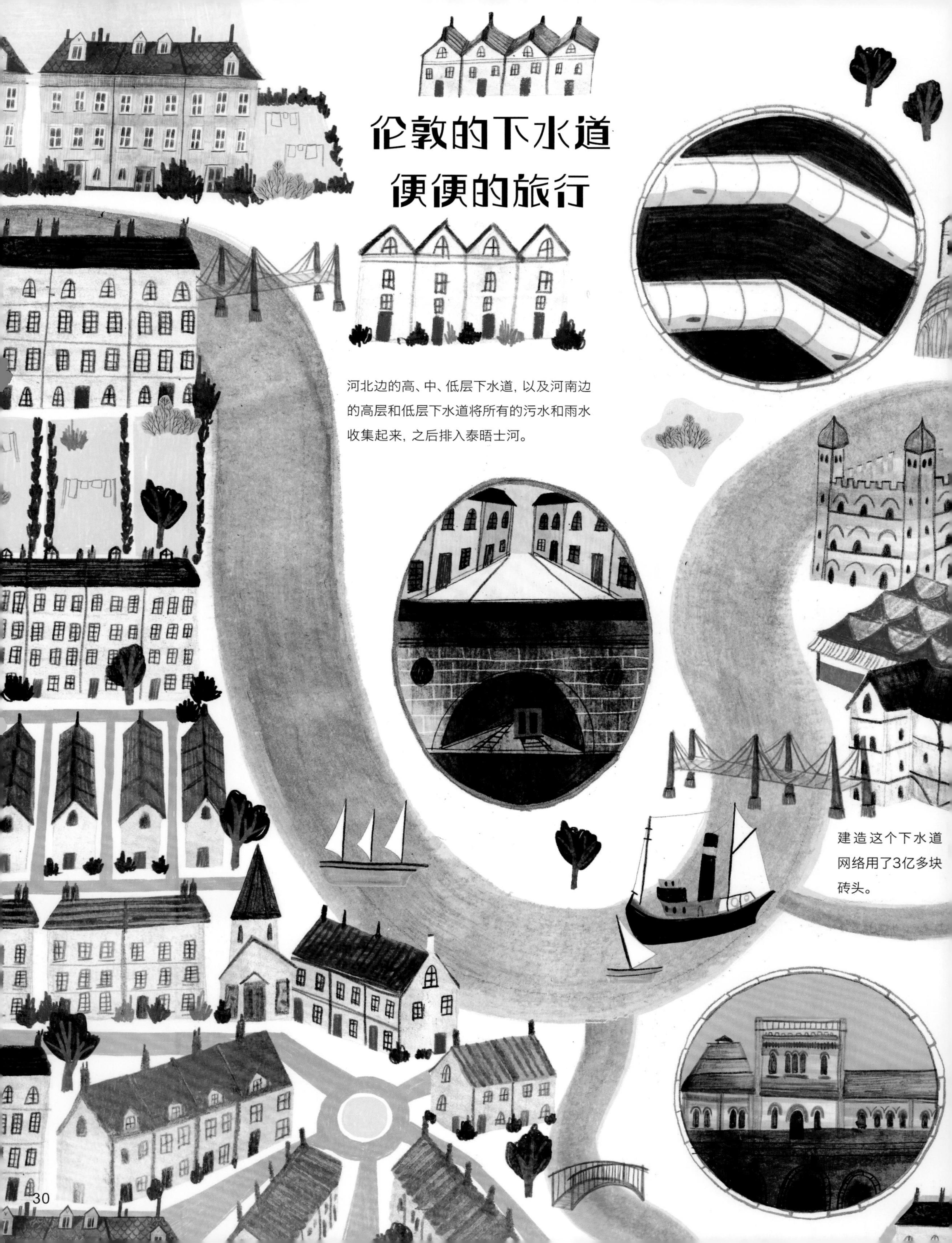

伦敦的下水道
便便的旅行

河北边的高、中、低层下水道，以及河南边的高层和低层下水道将所有的污水和雨水收集起来，之后排入泰晤士河。

建造这个下水道网络用了3亿多块砖头。

五个下水道在向东流的过程中，地下的坡度会越来越陡，最终到达两个泵站：南边的克罗斯内斯和北边的阿比米尔斯。

克罗斯内斯的水泵周围有闪闪发光的黄铜和五彩缤纷的铁艺。

地下大约有2000千米的巴泽尔杰特下水道。

污物被存在水池中。当海潮向外回流时，泰晤士河就会把它带到大海里去。

巴泽尔杰特把泰晤士河收窄，以便为低层下水道提供空间。建在新护堤里的地下隧道也为第一条地铁创造了空间！

今天的伦敦下水道

约瑟夫·巴泽尔杰特希望他的下水道系统长久运行，所以他在设计之初便决定让它能为两倍的伦敦人口服务。如今，人口已经比他预想的多了，而人们依然在使用这个系统！

他的下水道刚好够处理每年冲走的10亿多千克粪便。但这意味着每次下雨时，下水道就会溢出来，并把污水排到泰晤士河里。2014年，6200万吨的垃圾被排到河中。每周的垃圾就相当于8500条蓝鲸的重量！伦敦的下水道需要升级。

潮路隧道

今天，这座城市下面正在建一个新的超级下水道，叫潮路隧道。就像巴泽尔杰特的大下水道通过砖隧道从支流收集污水一样，新的系统将从大下水道里收集污水，并避免大量污水流入河中。

打好基础

这条隧道非常长，所以工程师面对的一个巨大挑战就是土质的问题。下水道从西到东25千米的途中有各种不同类型的土，包括：

黏土，它在变湿后会膨胀，而干燥时会收缩。

沙子与砾石的混合物，它们不会粘在一起，所以当机器从中穿过时就会移动。

白垩，本身并没有大的问题，但这种白垩里有大块的燧石，也就是一种非常坚硬的岩石。无法预料这些大石块会在哪里出现，所以它们会降低机器的速度，甚至损坏机器。

工程师研究了许多土样、地图和历史数据，为复杂的工程准备好机器。

在建成之后，这个新的污水系统将减少流到河中的污水量，而这个设计将为伦敦服务一百年以上。

潮路隧道巨大无比。它的直径有7.3米，足以容纳三辆双层巴士并行。巨型隧道掘进机正在伦敦地下开挖这条隧道，但要非常小心，要保证在隧道穿行于地下铁路之间时，施工不会让其他建筑和桥梁下沉。为了让隧道从最少的建筑下面穿行，工程师想出了一个绝妙的办法——把大部分新的下水道建在泰晤士河下面。尽管如此，这条隧道还是需要从1300座房屋、75座桥和45个隧道下面穿过！

如何让大厦稳如泰山？

重力会把建筑向下拉，而另一种力会从侧面推拉建筑，那就是风力。世界上所有类型的建筑都需要能抵御强风，但有些需要建得比其他更坚固才能保持稳定，因为它们暴露得更多。

越往高处走，风力就越强。所以很重要的一点就是，在设计高层大厦时要非常小心。摩天大楼就用了各种各样的办法来保证坚固。

大厦的支柱

在暴风雨中，我们看到大树会摇摆，却很少倒下。这是因为它们的根很深，会牢牢地固定在地上。同时它们还有结实的树干，能够摆动却不会折断。高层建筑也采用了同样的原理。基础把建筑固定在地上，而我们会给大多数塔楼一个“树干”或者支柱，叫作核心筒。核心筒是用钢或混凝土建成的一组墙，能保持建筑的稳定。它往往会贯穿建筑的中心。当大风吹到建筑上时，核心筒就会摇摆，但基础会把它固定在地面上。

大厦摇摆得太厉害了怎么办？

假如你站在摩天大厦的顶部，并感觉到它在摇摆，那是很可怕的。工程师要保证我们不会真的感到这种摆动。500多米高的台北101大厦有一个绝妙的工程设计，让它在台风和地震中也能稳如泰山。这样绝妙的设计就是一个大球，直径大约5.5米，悬挂在第87到92层之间。

风阻尼器

如果你在绳子的一头系上一块石头，然后把它摆起来，这就是一个钟摆。台北101大厦的钟摆其实是一个风阻尼器，台北101大厦在风和日丽时一动不动，可当暴风雨或地震来临时，它就会摆动起来。

工程师算出了这个“钟摆”所需的准确重量。它与大厦摆动的方向相反，当大厦向右摆动时，“钟摆”就会向左。当大厦向左摆动时，“钟摆”就会向右。这就意味着这些作用力会相互抵消，即使大厦还在摇摆，你也可能感觉不出来。

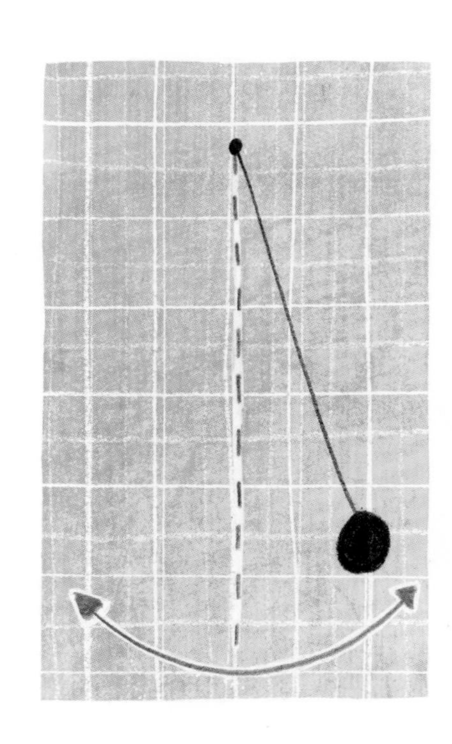

斜肋构架

有时候，核心筒也不足以保持那些最高的大厦稳定。对于它们，就要用一种叫作斜肋构架的结构系统，也就是建筑的外骨骼。人类有保持身体稳定的内骨骼，就像建筑的核心筒。而乌龟在体外有甲壳，就像带有斜肋构架的塔楼！

用斜肋构架保持稳定的建筑有点像一个空心筒。大厦的外表有非常结实的钢梁，可以吸收风力。这种系统通常叫作管状系统，因为就像一个空管，结构外面的“表皮”为它提供了强度——尽管它的形状不一定像个管子。伦敦的圣玛丽阿克斯街30号（又称“小黄瓜”）以及北京的保利国际广场就使用了斜肋构架。斜肋构架的优点在于，需要的材料比同样高度、使用核心筒的摩天大楼少，而且可以盖得比只用核心筒时高得多。

一捆管子的效果

像“小黄瓜”这样的建筑是一个大管子，但如果你把好几个这样的管子捆在一起会怎么样？美国芝加哥的威利斯大厦就是由许多正方形的管子组成的。如果你仔细看，就会发现这座建筑越到高处退台越多：那些是各个管子的顶部。这些管子是相互连接、相互支撑的，大厦即使很高也会保持稳定。

法兹勒·康

发明了管子型摩天大楼的工程师叫法兹勒·康。他在今天的孟加拉国达卡长大，在达卡大学研读工程学，之后在1952年搬到了美国。他设计的最著名的一座建筑就是美国芝加哥的约翰·汉考克中心。在它长方形的侧面上，你可以看到层叠的X。这便构成了为建筑抵抗风力的管子。

法兹勒·康

在家试试看：管式系统

你可以用吸管做一个自己的威利斯大厦。拿九根吸管，把它们剪成不同的长度。将最长的一根放在中心，然后把略短一些的放在它的周围。用一些橡皮筋把它们绑起来。吸管头就像真的建筑的退台。每根吸管就是一个管式建筑，而当你把它们捆在一起时，就会得到一个非常坚固的稳定系统。

哈利法塔

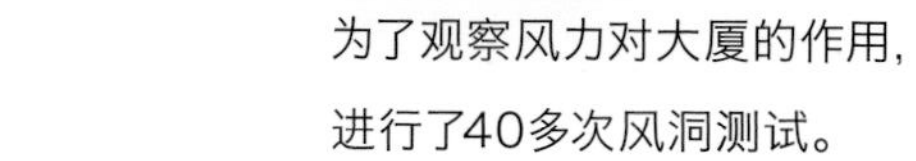

迪拜的哈利法塔是世界上最高的塔楼，有828米高。

尖塔用了4000多吨的结构钢建成。它是先在室内建好，再吊装到位的。

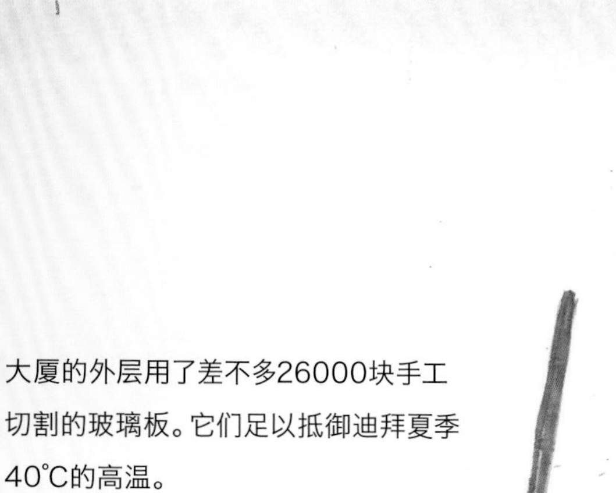

它拥有世界上最高的游泳池、餐厅和喷泉。

它的稳定系统叫作扶壁核心筒，也就是像三脚架形的核心筒。

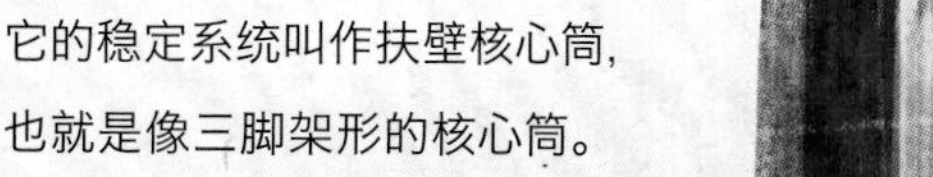

大厦的外层用了差不多26000块手工切割的玻璃板。它们足以抵御迪拜夏季40°C的高温。

为了观察风力对大厦的作用，进行了40多次风洞测试。

施工于2004年1月启动。2010年1月建成，并举行了落成仪式。

大厦里有57部直梯和8部扶梯，包括世界上最高的服务电梯。

哈利法塔由上而下的设计，是从当地的沙漠之花蜘蛛兰得到灵感的。

施工时，有超过1.2万人在工地同时工作。

大厦里的电梯是世界上第三快的。

施工中使用了三架世界上最大的起重机。每个都能吊起25吨的重量，相当于12头犀牛。

摩天大厦还需要什么？

升降梯的由来

古罗马人建造了最早的公寓楼，最高可达十层。他们没有盖得更高，是因为人们要走楼梯上到最高层，再走下来。那么十层楼就很高了。尽管他们有把房子盖得更高的工程技术，但住在里面是不现实的。

19世纪有一位名叫伊莱沙·奥的斯的发明家和机械师，在美国纽约的一家工厂里工作。他要用手把沉重的材料从一层吊到另一层。他对这个工作感到厌倦，于是希望设计一个更好的办法。他把带弹簧的平台、绳子和导轨组合在一起，这就成了一种新的、安全的升降梯。假如吊着升降梯的绳索断开，弹簧就会变形，让升降梯挂在导轨上。这样可以防止升降梯坠落。

奥的斯后来成立了自己的公司，销售这种新产品。1857年，第一部奥的斯电梯装在了曼哈顿的一个五层店铺里。他的公司一直开到今天。事实上，就是它为哈利法塔供应的电梯。

玻璃的知识

世界上大多数摩天大楼都有一个玻璃立面。它保护着室内空间不受风吹雨打，又能让阳光射入。这种玻璃又平又光滑。倘若不是这样，玻璃上反射出来的形象看上去就会奇奇怪怪、歪歪扭扭的。

20世纪50年代以前，平板玻璃是在高温液态时转动制成的。冷却之后还需要抛光。这是一个非常昂贵的工艺。但是，1952年阿拉斯泰尔·皮尔金顿爵士发明了制作玻璃的浮法工艺：将玻璃液从熔炉中取出，再让它浮在熔化的锡液上面。液态锡的表面是非常平滑的，而上面的玻璃保持着足够的高温，通入保护气体之后，玻璃可以均匀地铺在锡的表面。玻璃冷却后从锡表面上取下来。用这种方法制成的平板玻璃就不需要抛光了。

在家试试看：玻璃的浮法工艺

拿一个烤盘，在里面放一些醋，代表玻璃的浮法工艺中的锡液。然后，小心地在醋上浇一些油。油会浮在醋上面，形成又薄又均匀的一层。这就是制作平板玻璃的方法！

如何让大桥跨得远？

建造大桥是为了跨越深谷、河流或大海，将被分开的两块陆地连接在一起。

工程师选择建造的桥梁类型取决于建造的位置、需要的长度、可以使用的材料、建造的用途（是只供人行还是也能走汽车和火车），以及具体的建造法。如今有许许多多不同类型的桥梁可以选择。

斜拉桥

这种桥是用缆绳吊起桥面的。缆绳从支撑柱上与桥面直接相连。法国的米劳高架桥就是这样一座优美的大桥。它是世界上最高的桥，甚至比埃菲尔铁塔还要高。我人生中第一个工程是英国泰恩河畔纽卡斯尔的诺森布里亚大学人行桥，那也是一座斜拉桥。

拱桥

这是一种曲形桥，通常由砖头、石头、混凝土或钢建造。古罗马人是最早大量建造这类桥的人之一。在前面关于万神庙的介绍中，你已经了解到，拱券是一种强度很大的形状。由于它是曲形的，各个方向上的作用力会把它挤到一起，并保持它的稳定。古罗马工程师建造了雄伟的输水道，也就是用来从河湖向城市引水的高大拱桥。

悬臂桥

悬臂是一端有支撑另一端悬空的结构，就像一块跳水板。想象一下，让两块跳水板相对着在中间连接起来，这就是悬臂桥的原理。这些设计巧妙的桥梁能够跨越很长的距离，而且往往比用缆绳的桥更容易建造。一架吊车可以迅速把悬臂吊装到位。印度加尔各答胡格利河上的豪拉大桥就是这种桥的例子。它在1943年开通，据说每天有10万辆车过桥。

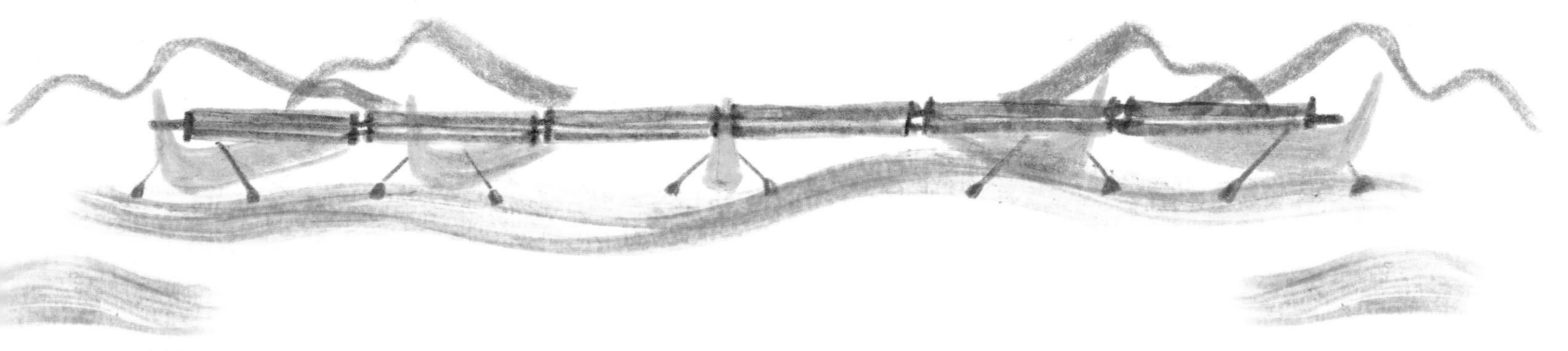

浮桥

这种不同寻常的桥是浮在水面上的。它是由许多小船或者充满空气的大型空心漂浮物绑在一起来支撑桥面的。人可以在上面行走或是开车。这种桥往往只是为短时间使用而建的，比如帮助军队迅速过河，或是在洪水来临时，帮助人们撤离或是运送食物和供给。使用它的历史已有数千年。传说2500多年前，统治着中东地区波斯的皇帝薛西斯建造了一座巨大的浮桥，通过它向古希腊人发动战争。

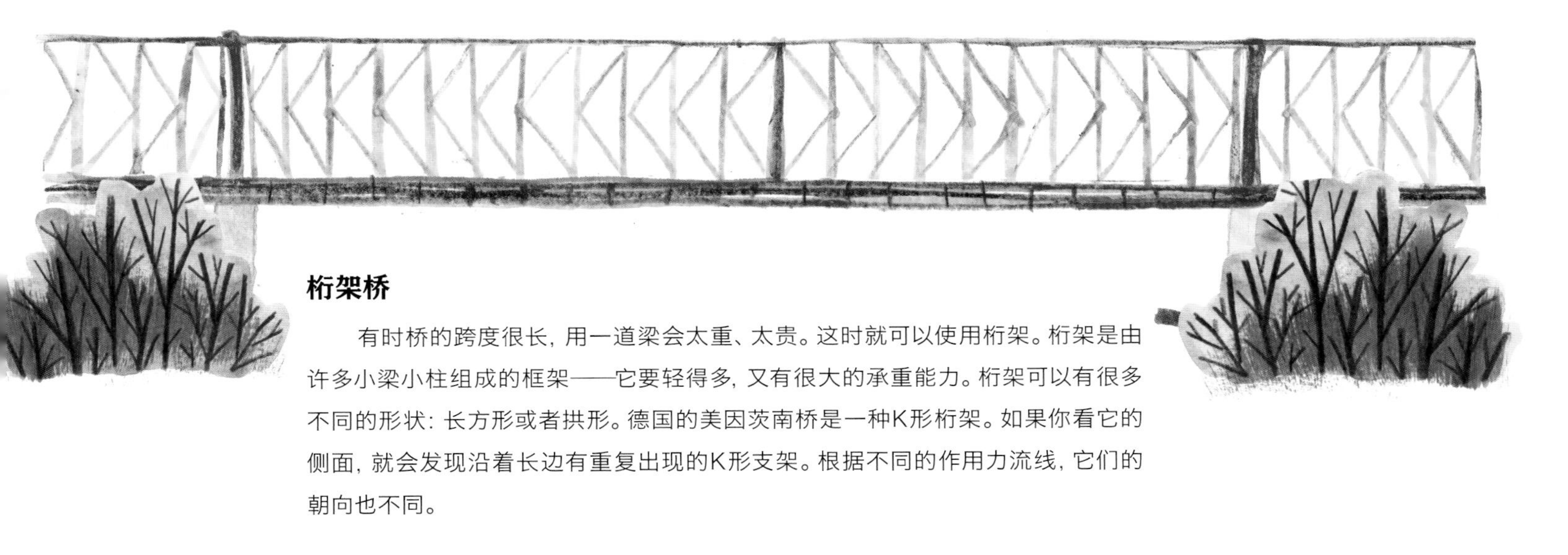

桁架桥

有时桥的跨度很长，用一道梁会太重、太贵。这时就可以使用桁架。桁架是由许多小梁小柱组成的框架——它要轻得多，又有很大的承重能力。桁架可以有很多不同的形状：长方形或者拱形。德国的美因茨南桥是一种K形桁架。如果你看它的侧面，就会发现沿着长边有重复出现的K形支架。根据不同的作用力流线，它们的朝向也不同。

栈桥

栈桥是用木头建造的，有时也会用钢。它上面有很多柱子或鳞次栉比的支架（就像桁架）来支撑桥面。其中很多是19世纪和20世纪初为通火车而建的。这种桥在美国很常见。过山车轨道通常也设计得像栈桥一样。因为高速行驶的过山车会带来各种作用力，而它们全部可以被这些支架吸收。这也是为那些让人尖叫的俯冲建造高架轨道的便捷方法！

如何让大桥稳定?

毛利人是新西兰的土著。据说他们是大约750年前从太平洋的某个地方来到这里的。在波利尼西亚神话中,毛利人崇拜的莫伊是一位半神,天资聪慧、雄武有力,一半是人,一半是神。

传说,莫伊的兄弟们计划出海打鱼,但不想让莫伊一起来。所以莫伊在晚上钻进了独木舟,躲在船体里。身上带着一条自己编成的钓鱼线,以及用先祖穆里-兰加-韦努阿颌骨制成的鱼钩。当他们进入远海时,莫伊突然爬出来。他从独木舟一侧抛出自己的魔法鱼钩。突然,他感到鱼钩碰到了什么,并轻轻地拉了拉,结果抓到了一条巨大的鱼!在兄弟们的帮助下,他把鱼拖了上来,并告诫他们应该首先感谢海神坦加罗阿,然后再切割鱼。可他的兄弟迫不及待地把鱼切成块。

新西兰

传说就是这条鱼形成了新西兰的北岛。它本来应该是一座平坦的岛屿,但由于莫伊的兄弟切开了鱼肉,所以就形成了山川、峡谷和曲曲折折的海岸线。即使在今天,这座岛仍被人称作特伊卡阿莫伊,意为"莫伊的鱼"。

莫伊对其他的岛屿也产生了很大的影响。南岛称作特瓦卡·阿莫伊,即"莫伊的独木舟"。斯图尔特岛叫特蓬加奥·特瓦卡·阿莫伊,即"莫伊独木舟的锚石"。

一座会动的桥

新西兰北岛上的城市旺阿雷需要一座新的跨越哈泰阿河的桥。这条河是船只通行的重要航路，所以这座桥要能迅速打开，让从港口驶来的高大船只安全地进入城市。

建筑师和工程师将莫伊的故事融入他们的设计之中。魔法鱼钩是毛利文化中的重要组成，因为大海是丰富的食物来源。鱼钩象征着富足、力量和决心，并被出海打鱼或远行的人视为幸运符。在这个魔法鱼钩启发下设计出的优美桥梁将完美地体现当地的文化和遗产。

他们建造的这座新的桥称为特马陶·阿波厄，意为“波厄的鱼钩”。波厄是一位著名的毛利酋长，是他迎来了最早的一批欧洲定居者。有一座岛屿就是以他来命名的。这座桥就是将旺阿雷与波厄岛连接起来的。

重心

每个物体都有一个重心，这就是它的重量在各个方向上都均衡的那一点。对于一个球或一本书这样形状规则的物体，重心就在中间。但是对于不规则的形体，比如我们的身体，重心就不在中间。人的重心实际上要高于我们的臀部，因为我们的上半身要比下半身重。当设计一座移动的桥时，设计师需要了解桥的重心在哪里，这样就不会需要太大的力来移动它。

转动的开合桥

特马陶·阿波厄桥的一段是可以打开的。两个看上去就像鱼钩一样的巨大J形梁使它能做到这一点。它们巧妙的弯曲形意味着它们能快速地转到开启与闭合的位置。

如果你仰着躺在地板上，并把双腿抬到空中，你的重心就会在胸部附近的位置。现在想象一下，构成桥体可移动部分的J形梁就是你的身体，它的重心处在一个让桥面不易抬起的位置。为了改进这一点，工程师在J形的顶部增加了很多重量（这就像给你抬起的双脚附上重物一样）。这时，重心就会更靠近弯曲的部位（你的屁股），这样桥面在推动时就容易转动了。这种转动桥的梁就叫活动桁架，而它的重量是经过仔细平衡的。

特马陶·阿波厄桥

大桥的桥面是用钢和混凝土建造的。支撑柱（墩柱）是混凝土的。

抬起大桥时，活塞的运转需要5000升的油。这足以灌满60个浴缸。

灯光、监视器和控制活塞的电缆足有7千米长。

跨度部分（大桥可开启的部分）是由钢建造的，重达390吨，相当于150头大象的重量。

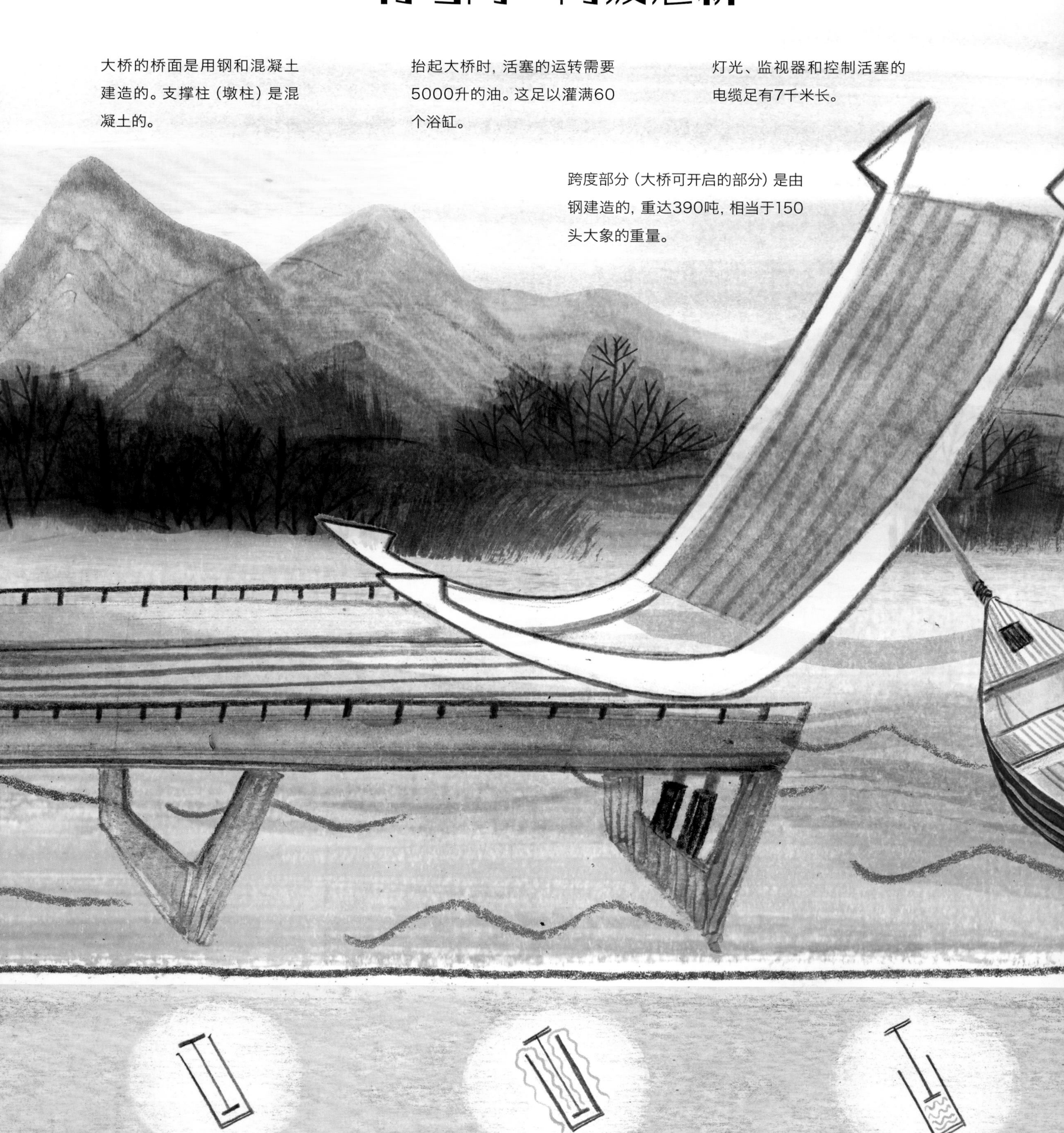

为了让桥体移动，工程师使用了活塞结构。

活塞有一个装着油的圆筒，里面是上下抽动的杆。

当大桥需要开启时，操作员会按下按钮，将油注入每个活塞。

三个毛利部落在动工之前为这个工地祈福，并且在大桥最终名称的选择上发挥了关键作用。

大桥进行了抗震设计。工程师在大桥的移动与固定部位之间都留下了小缝。这样一来，它们在地震中就能自由地震动，而不会相互破坏。

在设计从海底升起来支撑大桥的墩柱时，工程师要考虑船只撞上它的冲击力。

大桥于2013年7月正式通行。它横跨在哈泰阿河上，长达265米。

这会让活塞伸长。

然后活塞就会推起J形梁，而梁就会沿着它的曲形边缘向后转……

并为高大的船只打开一条航道。

大桥的安全

结构工程师、机械工程师和建筑师合作完成了精心绘制的图纸，表现出工程完成后的样子。工程师要用他们的特殊知识，以完全不同的方式观察它，并建立一个结实的骨骼或者框架，以便让建筑物承受重力和自然灾害的作用。

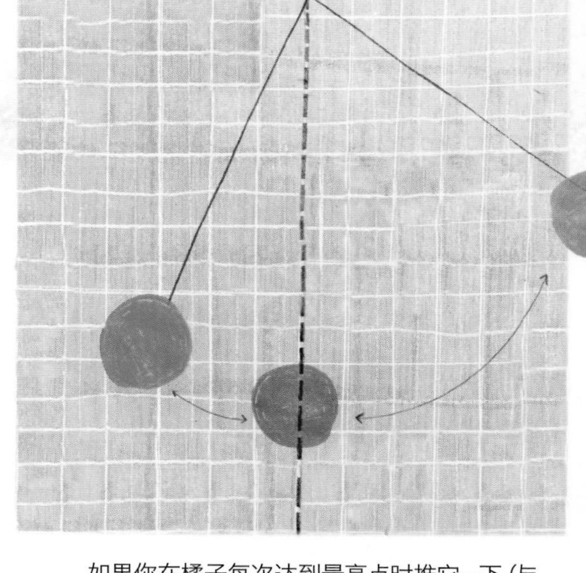

如果你在橘子每次达到最高点时推它一下（与它摆动方向一致或相反），你会注意到两个现象——第一，它穿过中点的次数还会和之前是一样的。第二，它会摆得更远。你的手与橘子的频率相符，会让它摆动更大。这就叫共振。

共振和频率

想一想荡秋千。你知道自己无论微微摆动还是高高荡起，都会在一段确定的时间里（比如10秒钟）摆动相同的次数吗？你可以在公园里试一试这个，或者在家里用一个系在绳子上的橘子来观察。轻轻推一下这个橘子，然后数一数它在五秒中穿过摆动中点的次数。橘子在一秒中摆动的次数叫作它的频率。

所有建筑物都有自己的振动频率，也就是建筑物每秒摆动的次数。共振对于建筑和桥梁是非常危险的。工程师需要仔细地计算建筑物的频率，让它们保持竖直和安全。塔科马海峡桥就是一个由于风力导致整体结构坍塌的例子。

安全缝

大部分可动桥的设计都有某种形式的缝隙，让桥体能随着季节更替变长或变短。一般而言，各种材料在温度升高时都会膨胀（变大），而在温度降低时会收缩（变小）。通常情况下，这些缝隙都是用橡胶封住的。但是特马陶·阿波厄桥有一个敞开的缝，因为还有一种危险的力量……

地震

新西兰每年会发生1.5万次地震。幸运的是，大部分都不会被人感觉到，因为它们非常微小。但其中有100次的强度足以让你感觉到。地震会让地面前后、上下震动。结构工程师需要设计好各种建筑物，让它们不至于在地震中倒塌。

特马陶·阿波厄桥由于部分桥体是可抬起的，所以增加了复杂性。设计师决定最安全的办法就是在桥的东西两部分之间加一个敞开的缝。同时它要足够小，让车辆能安全地开过去！桥的每一边都有不同的自然频率，并且经过计算，两边的频率都与典型地震的频率不同，所以在发生地震时，大桥是不会发生共振的。

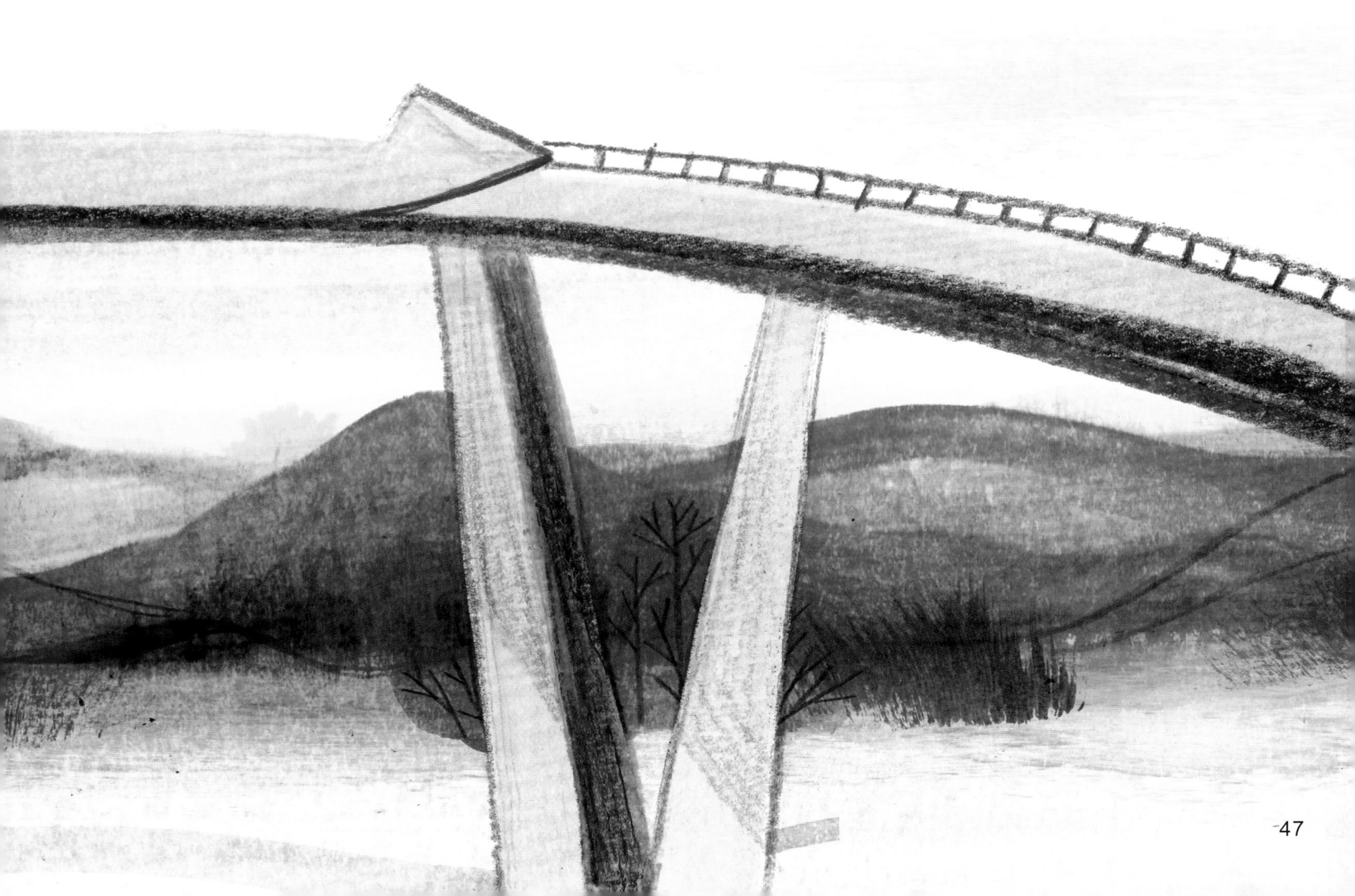

如何让大坝不漏水？

地球有时被称作蓝色星球，是因为它的表面超过70%都被水覆盖着。

人类需要清洁的淡水才能生存——事实上，我们要是一口水都不喝，最多只能维持三天的生命。地球的湖泊与河流中有大量的淡水。但这只是地球总水量中很小的一部分，地球上大部分水都是含盐的，或者很难取得。想象一下，用一个足球场来代表我们星球上所有的水量。那么淡水湖的水量就是一个小枕头大小，而我们能取水来饮用的河流水量就是一个玻璃杯的杯垫。这就是说，找到清洁的水源是非常困难的。几千年来，我们一直在设计巧妙的办法，来寻找、储存和运输这种珍贵的资源。

蓄水的办法

在河中蓄水的一个办法就是用建筑物挡住河流，这就是大坝。建造大坝可以形成一个大湖或者水库，再用里面的水进行灌溉、发电，或者供家家户户日常使用。

大坝有很多种类，有些是用大堆的泥巴或黏土，有些是用小石头堆，而更大的一般是用混凝土建造的。

卡齐坝的由来

莱索托是一个内陆国家，四面被南非包围。奥兰治河为它送去源源不断的清洁淡水。河的周围是山地，这就意味着莱索托人可以建造一个大坝，用水来为自己发电。这叫水力发电。南非也可以从中受益，用这些水满足巨大人口和工业发展的需要。所以，这两个国家合作启动了莱索托高原调水工程。这是非洲最大的输水工程。这一浩大工程的一部分就是卡齐坝。

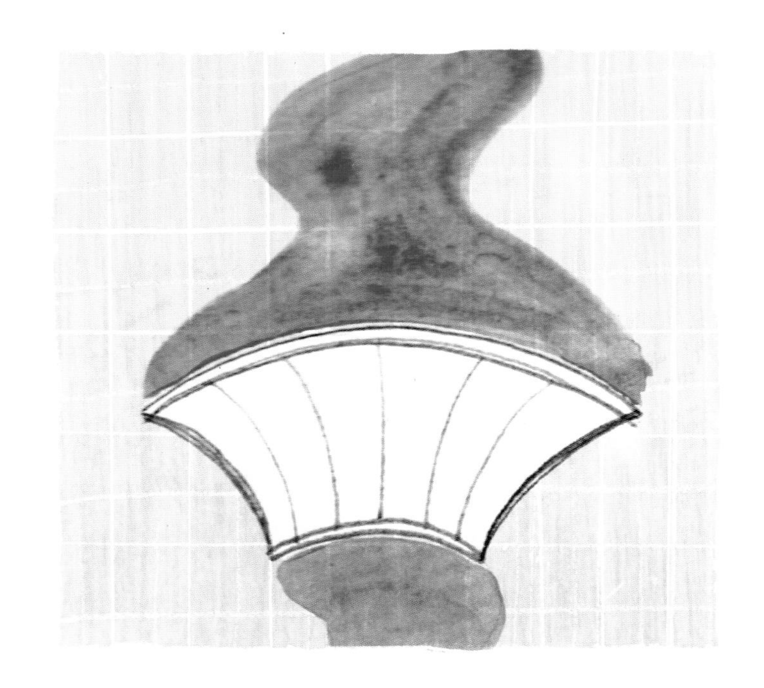

双曲拱

卡齐坝位于马利巴马措河之上。这条河流经一道深谷，随后汇入奥兰治河。在为这座大坝选择形状时，双曲拱是最安全、最经济的一个。这种大坝最适合狭窄的山谷，就像马利巴马措河上这座。它需要的建筑材料也更少。像这样的大坝，从上到下、从左到右都是弯曲的。

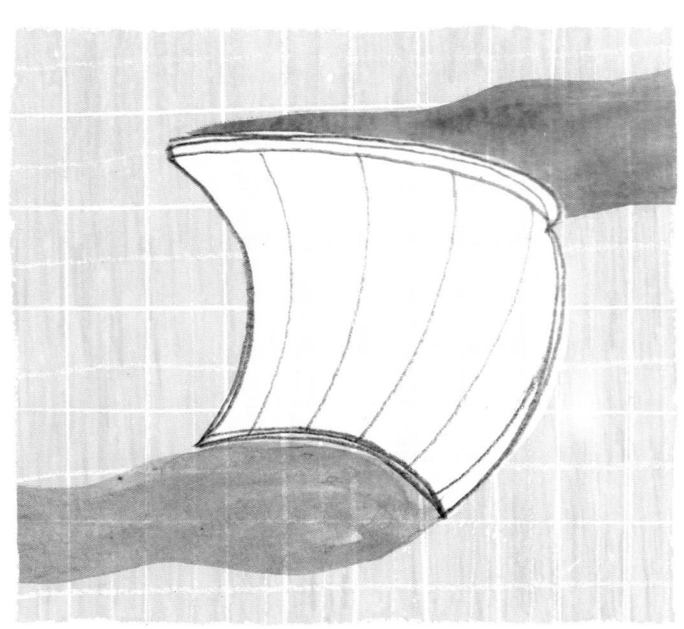

记住，水比空气要重得多。而且，如果你潜入水中，越往深走，水挤压你的力量就越大。你在游泳池底部游泳，有时也会在耳朵里感受到这种压力。

建造大坝时底下的水很深，所以工程师需要计算出这个力量有多大，以及怎样让大坝与河的底部和两侧安全地接合，保证滴水不漏。他们还要计算大坝的底部要多厚，才不会被水流推倒。

混凝土的冷却

混凝土有一个独特的属性：水与水泥发生化学反应时会释放大量的热。要建造大坝需要浇入大量的混凝土，这就意味着会产生很多的热。假如混凝土的温度过高，它就会在冷却的过程中开裂，而水就会从里面渗出来。所以，在炎热的夏天，工程师向搅拌器里加入了片状的冰，以保持温度在15℃以下。

而在寒冷的冬天，为了防止混凝土结冰，他们还会用热水来保持混凝土的温度在7℃以上。

卡齐坝

1.卡齐坝于1996年建成，高185米。它是非洲最高的大坝，也是全世界最大的十座拱形混凝土坝之一。

2.大坝的宽度有710米。

3.大坝底部有60米厚，顶部为9米厚。

4.建造大坝挖出了130万立方米岩石。这足以填满500个奥运会用的游泳池。

5.双曲拱虽然用料更少，但也并不常见。建造它是非常复杂的，并且需要具备专业知识的工程师。

6.这座水库的蓄水量为19.5亿立方米。这些水可以灌满三个半悉尼港。

7.水库中可以看到鳟鱼和黄鱼。

大自然的水坝工程师

河狸是啮齿动物中体形较大的，主要生活在北美洲，是世界上最优秀的动物工程师。它们住在湖泊和池塘中，建造自己的小窝，以保护自己不受熊、野猫和水獭等捕食者的侵袭。这些特别的窝有一个秘密的水下入口，别的动物是进不来的。

河狸用大大的门牙咬下中小型的树干，用它们堆起水坝，直到形成一个足够深的水池。然后它们就会用木棍和树枝搭起自己的窝。它们就在这里照料自己的宝宝，并且整个冬天都安全地藏在那里。

世界上最大的河狸坝在加拿大的伍德布法罗国家公园。它有850米，比卡齐坝还要长。这个惊人的长度让它在太空中都能看到！它处在一个茂密森林的边缘，这个完美的位置可以蓄积大量的水，并有丰富的食物和大量的树木可以来搭窝。

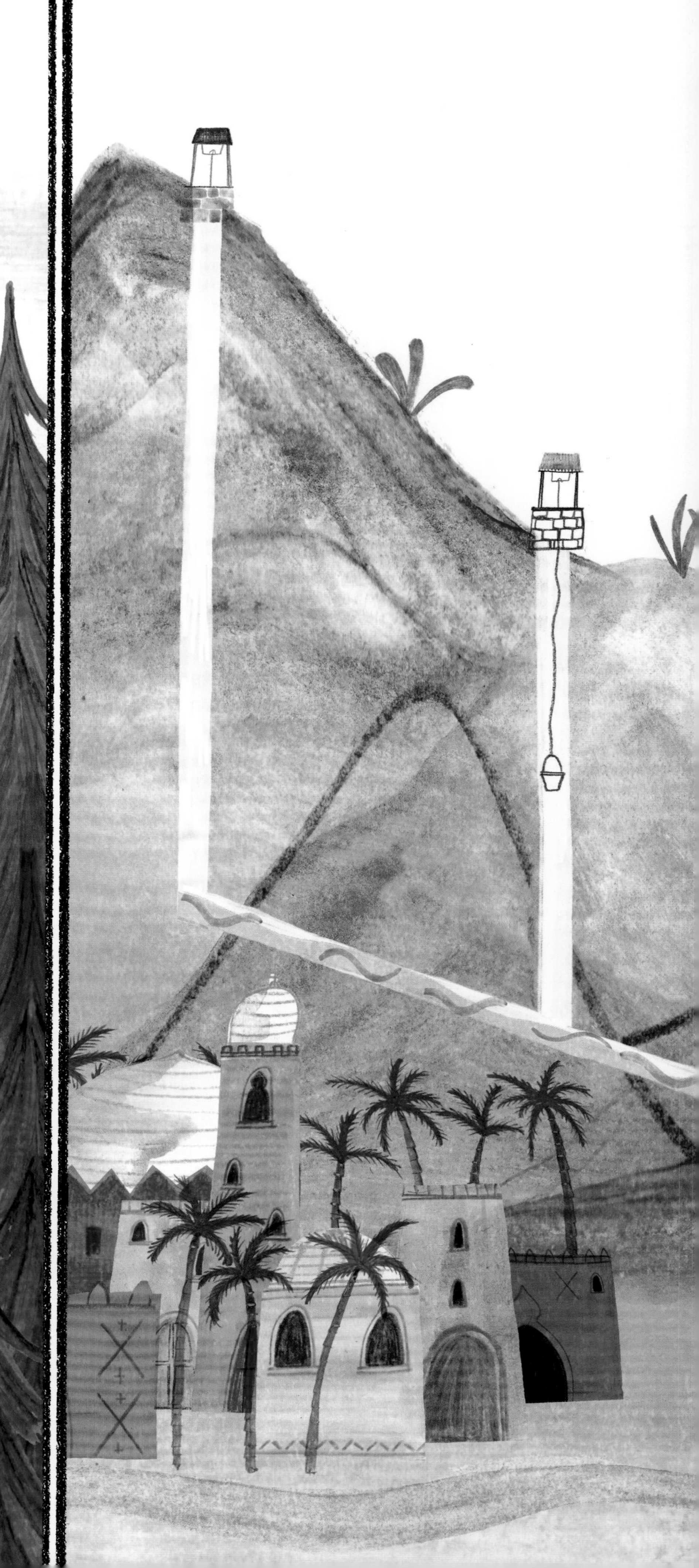

古代的水利工程

水坝是蓄水的好办法。但如果你难以找到可以喝的水怎么办？就像许多三千年前的人那样，古代波斯人在沙漠气候中苦于水源供给不足。同中东和北非的人一样，他们不得不想出找到淡水并把它运走的好办法。波斯人使用的系统叫坎儿井，也就是由一条水渠贯穿而成的许多水井。

一旦找到水量丰富的蓄水层，他们就会挖出很多水井。这些水井每个都比前一个深一点，这样水就会往山下流。然后他们开始在找到蓄水层的山脚下挖水渠。这条水渠将所有水井的底部串联起来，直到最终抵达第一口井。水由此从山中涌出，流入挖好的水渠，然后流入城镇或乡村。

坎儿井

在地球的表面之下，有许多层的岩石，那里有许多水池，叫作蓄水层。建造坎儿井的挖渠工的第一步是找到这个隐藏在地下的水源。他从山上开始，打出许多深井，然后放下水桶，看看下面有没有水。如果有，他们就会量一量出了多少水。如果没有多少，那就不值得建造坎儿井。

长久的水源

挖渠工会定期清洁这个系统，挖走井里和水渠中多余的污泥，保证水流渠道的畅通。在伊朗，据说有超过3.5万个坎儿井，许多至今仍在使用。其中最古老、也是最大的一个在戈纳巴德市。它有2700年的历史，水渠有45千米长。主井有300多米深，可以轻松放进碎片大厦里。至今它仍在为4万人供水。

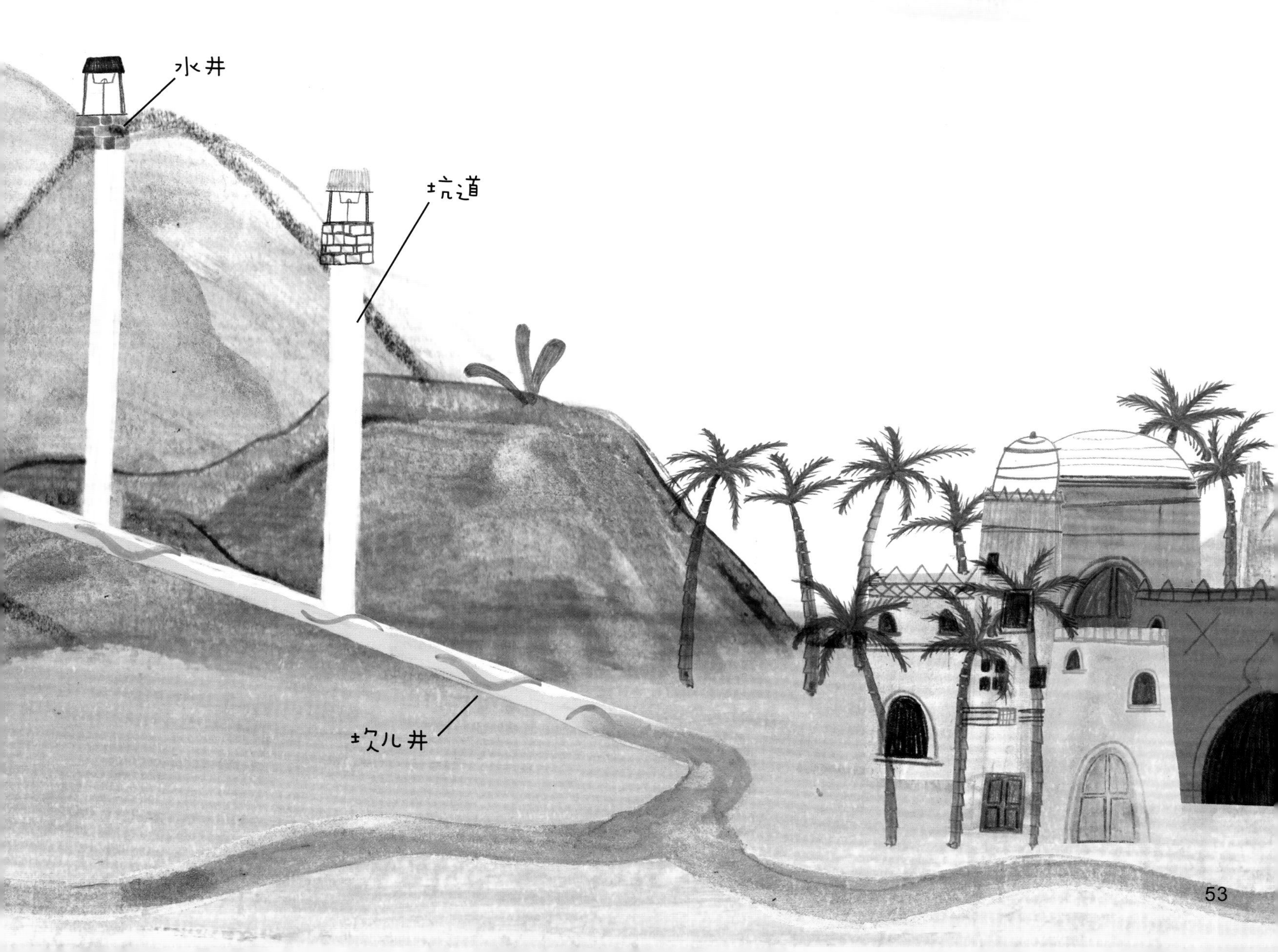

如何建造地下的隧道？

唐·佩德罗二世在1831年成为巴西有史以来第二位皇帝，而那时他只有16岁。他对工程学、天文学、文学和语言尤为感兴趣，并希望修建一条穿过里约热内卢海滨山川的铁路，将整个王国连接起来。在他加冕17年之后，一条名叫格兰德隧道的大隧道开工了。

格兰德隧道长度惊人，达到了2238米。它从巴西的马尔山脉中穿过。隧道宽4.2米，用7年建成，但只是唐·佩德罗二世铁路的15条隧道之一。

史前地洞的故事

科学家认为，在巴西有一种古代巨型树懒，挖出过一个奇怪的地洞网。这种动物成群结队地挖掘巨大的地穴，叫作古穴。这些地洞宽大约1.2米。其中一个有许多条支路，总长度超过600米。科学家无法想出有什么自然地质现象能够形成这些地洞，而又在洞壁上发现了爪子的痕迹。这就是巨型树懒假设提出的缘由。

坚硬的岩石

格兰德隧道要从坚固的岩石中穿过。当时唯一实现的办法就是用锤子和凿子这样的工具，再加上火药。据说那里的岩石极为坚硬，施工中最厉害的爆炸不过炸出了一点点灰。当时还没有机械钻和炸药。新型炸药是瑞典化学家和工程师艾尔弗雷德·诺贝尔在1867年发明的，后来就以他的名字设置了诺贝尔奖。炸药给施工带来了翻天覆地的变化。在发明它之后，挖掘同样长度的隧道只要用11个月。

为了加快进度，工人在山中挖了四个垂直的管道。通过这种方式，他们就能在同一时间从不同的位置挖掘隧道。另外，工人是从隧道两端相对挖掘的。大约有400名工人夜以继日地轮班工作。

1864年6月30日，当隧道两端的最后一段终于汇合时，唐·佩德罗二世皇帝来到工地视察。据说他斜着身子进入隧道，并向工人们撒钱！

泰晤士河隧道

在巴西开始建造格兰德隧道的几十年之前，世界上第一条在通航河流（深度和宽度足以让船只通过）下面的隧道在英国伦敦的泰晤士河下建成。在19世纪，跨越泰晤士河的寥寥几座桥上有严重的拥堵问题。马车和行人在桥上堵成一团，有时甚至需要好几小时才能通过。所以，该进行新的尝试了。由于泰晤士河上有许多船，增加新的桥会阻碍它们，理想的办法就是在河下建造一条通道。

船蛆的灵感

马克·布律内尔1769年出生在法国诺曼底。他长大后成了一名工程师，并周游世界，最后定居在伦敦。许多人尝试过在泰晤士河下建造隧道，但都以失败告终，因为土质不好又潮湿。可布律内尔从一种虫子上受到启发，突发奇想！

船蛆在头上有两个极其锋利的“角”。当它钻在木头里的时候，这些角就会把木头碾成粉，形成一条通道。然后它会吃掉这些木头粉，再经过消化系统排出来。这些黏黏的屁屁就会在它屁屁后面的通道里连成一条线。通道中的空气使这种黏液变硬，并让通道变得结实。布律内尔决定试着模仿船蛆，找到在泰晤士河下面建隧道的方法。

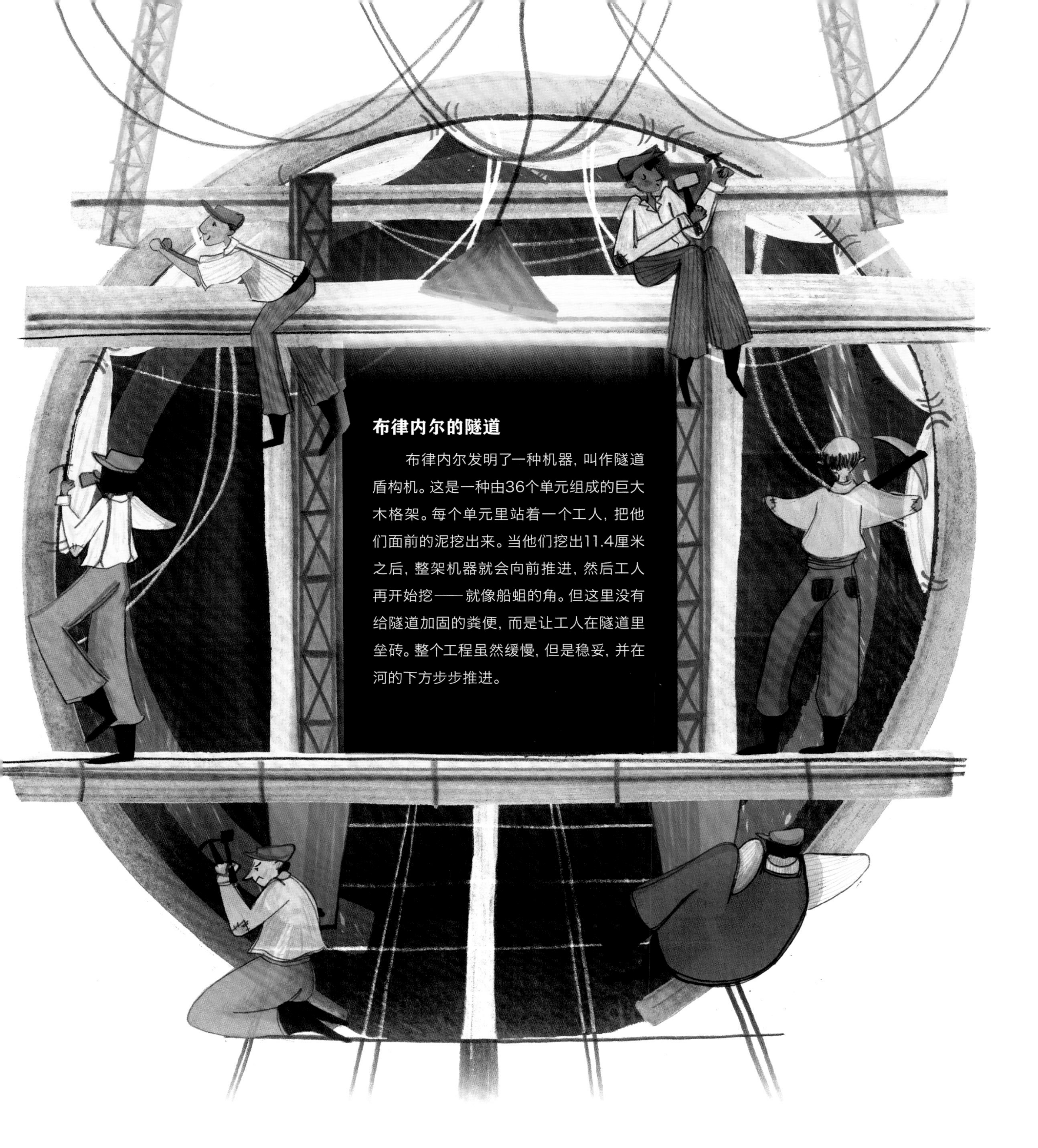

布律内尔的隧道

布律内尔发明了一种机器，叫作隧道盾构机。这是一种由36个单元组成的巨大木格架。每个单元里站着一个工人，把他们面前的泥挖出来。当他们挖出11.4厘米之后，整架机器就会向前推进，然后工人再开始挖——就像船蛆的角。但这里没有给隧道加固的粪便，而是让工人在隧道里垒砖。整个工程虽然缓慢，但是稳妥，并在河的下方步步推进。

在施工过程中，他们遇到了许许多多的问题。因为有时土会坍塌，河水就会涌进来。很多人都受了伤，有些还失去了生命。泰晤士河隧道最终在1843年开通，这时距离开工已经有漫长的18年了。

一开始，人们在隧道中步行，后来为通火车进行了改造。今天，伦敦罗瑟希特和沃平车站之间的铁路就是从这条隧道中通过的。

不起眼的砖头

我们的祖先已经用身边随手可得的材料盖了几千年的房子：他们用过树木、岩石、动物的皮，甚至是泥巴。考古学家发现了大约公元前9000年在中东的杰里科古城使用过泥巴砖的证据。居民用模具做出扁平的泥块，然后放到太阳下面晒，再用它们盖出蜂巢形的住宅。为了让这些砖更结实，公元前2600年住在印度河谷（现在的巴基斯坦）周围城里的工程师在窑炉中把它们加热到高得多的温度。

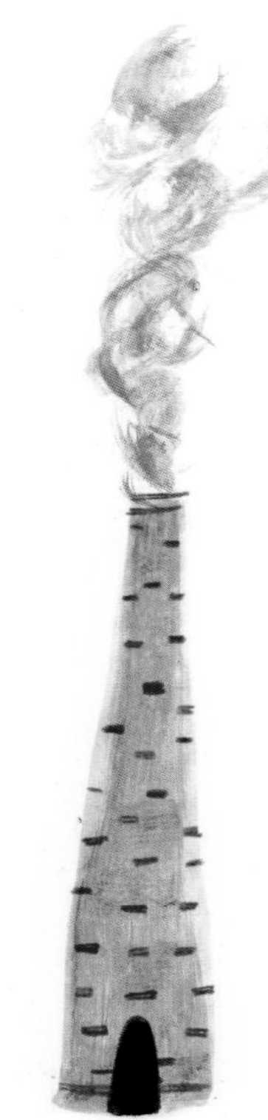

今天，我们用比这还高的温度“焙烧”砖头——在800°C到1200°C之间。这就会让黏土的颗粒融合在一起，变成一种截然不同的材料：瓷，它比起晒干的泥来更像是玻璃。这就是强度最高的那种黏土砖，每块都能承载五头大象的重量！

黏土

黏土主要是由风化成极细小颗粒的火山岩组成的土。很久以前，这些岩石是被流动的水、风和冰带走的。在移动的过程中，它们与石英、云母、石灰和氧化铁等其他材料的颗粒结合在一起。这种混合物沉积在远离起源地的河底、谷底和海底，并形成许多层。各种植物和动物生活在这些地方，死后会给地下增加一层层的有机物或生命物质。慢慢地，数百万年之后，随着温度和压力的变化，这一层层的碎岩石、矿物质和有机物就变成了黏土。

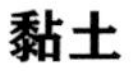

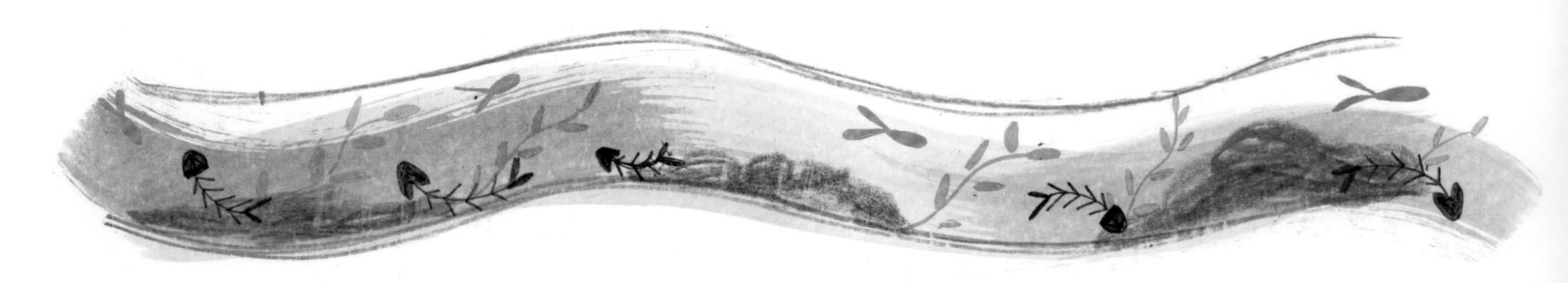

伦敦黏土

在伦敦周围，泰晤士河沉积了泥土的地方，地下深处有许多层黏土。它们有着不可思议的悠久历史。靠上的很多层由于含铁而微微发红，是“较新”的黏土，大约有2000万年之久。在它下面，黏土是蓝灰色的，它的成分更纯粹，时间最久的可达5000万年！

这种黏土曾经被挖掘出来做成砖头，用在泰晤士河隧道上。在它建成150年后，这些砖依然坚固如初。

砖、砖、砖

全世界每年会制作大约1.4万亿块砖。仅在中国就会制成8000亿块，印度是1400亿块。而乐高玩具每年制作的积木是450亿块！

如何建造会动的建筑?

桥梁是我们知道的最早的一种有移动部位的构筑物。比如英国的老伦敦桥，它是1209年建成的，1831年拆除。那是一座吊桥，其中一部分可以升起，让高大的船只通过。

当英国在18世纪末和19世纪初建造运河时，在水流穿过农田的地方建造了开合桥和平转桥。这些通常是由人来操作的。过了很久以后，我们才有能力建造旋转餐厅和体育场上可以收缩的大屋顶。这些只是到了最近几十年才真正流行起来，因为它们非常复杂，并且需要计算机帮忙进行所需的各种计算。

不同类型的工程设计

任何大型的可动建筑物都需要集合大量不同的设计才能建成。建筑师会设计它的形象。结构工程师会考察各种材料，并思考如何保持结构稳定。机械工程师会考虑让各个部位运转的机械。电气和系统工程师会设计为机械提供电力的电气、安全和控制系统。每个人都要通力合作，才能创造出最优秀、最安全的设计。

巧妙的可动建筑物

苏格兰福尔柯克轮

这是一座为船设计的桥！它有许多不透水的密封仓，让船可以驶入更高的水位，然后整个轮盘就会旋转，把船放在较低的水位上（或者是反过来）。

上海旗忠网球场

这座网球场有一个滑动的屋顶结构，看上去宛如一朵绽放的玉兰花。打开这个屋顶只需要八分钟！

美国密尔沃基美术馆

这座美术馆有一个优美的翼状结构，叫作百叶板（或者“遮阳板”）。它可以根据阳光的强度和位置移动。抬起的各翼会形成阴影，防止建筑室内过热。到了晚上，或是遇到恶劣的天气，它们又会收回。

札幌穹顶体育场

札幌是日本北部的主要城市，一年中会有五六米厚的大雪。它是2002年世界杯足球赛的主办城市之一。棒球在日本也非常流行，所以这座城市希望建造一个体育场，一年四季都能举行这两种运动。这就意味着需要一个大屋顶。

棒球赛使用人造草皮，而世界杯的规则要求足球场使用天然草皮，可草在室内是长不好的。所以工程师为球场设计了一个“悬浮的舞台”，能将天然草皮放在室外。当要举行足球比赛时，整个天然草皮就会收进穹顶里来！

移动一座球场

这座体育场通常是为棒球比赛设置的。里面有人工草皮，球场周围的座位角度能为观赏比赛提供最好的视野。它的“悬浮舞台”宽85米、长120米，重8300吨，大部分时间都停留在外，清新的空气和阳光会让天然的草生长良好。

要想让它变成一座足球场，得把人工草皮卸下。下层的一些座位要从倾斜的位置上变成与“悬浮舞台”笔直的两边对齐。这个“舞台”会从巨大的门中滑进来。这道大门会在穹顶一侧的大部分座位折好收起时显露出来。当球场到位时，地面会旋转90度，而可收缩的座位会滑进来，这样变形就完成了。

可这个舞台是怎么移动的呢？人们用巨大的鼓风机将舞台微微举起，然后用24个轮子让它滚动到位——舞台90%的重量是通过吹风承载起来的！

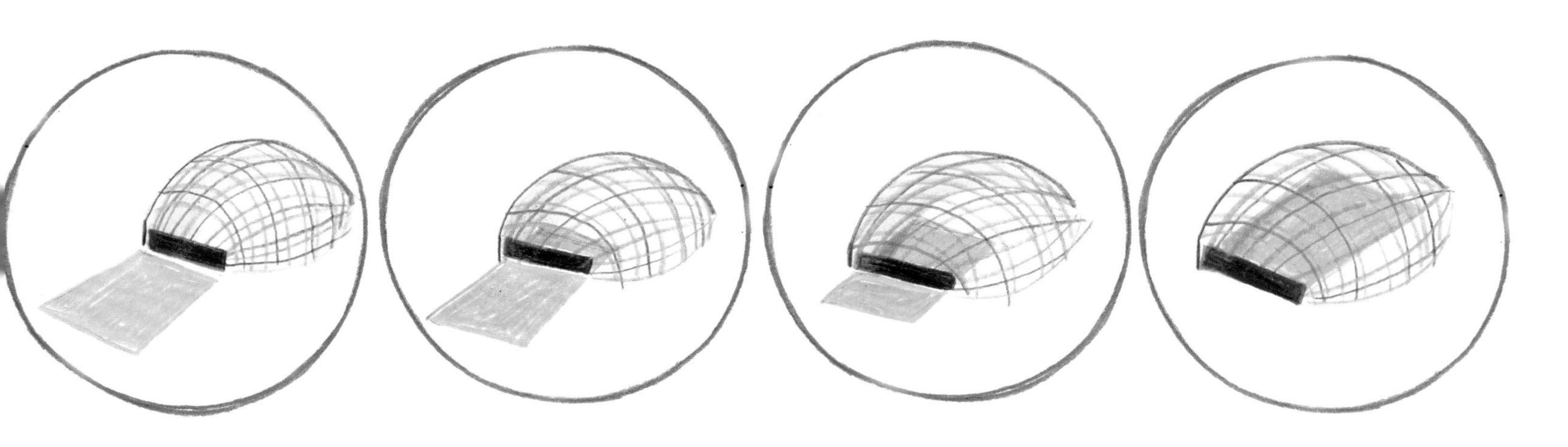

札幌穹顶体育场

这个大屋顶是由钢桁架和钢缆形成的框架建造的，大致形成了一个穹顶的形状。这种结构叫作“壳体”。壳体屋顶一般是四周封闭的，但是由于这个穹顶体育场需要在一端有一个大开口，让舞台进出，所以人们给它起了个名字叫“开闭”壳体（能开启与闭合）。它有200多米宽，并要抵御重力、风力、雪的重量及地震。

1.棒球场变换成足球场需要5小时。

2.为了建造这个屋顶，搭了30多座临时的高塔来支撑由起重机吊起的梁。

3.用来移动球场的、由空气抬升的滑轮驱动系统为世界首创。

4.札幌穹顶体育场为足球比赛设置好后，可以容纳近4.2万人。

5.札幌穹顶体育场里有很多可移动的结构，包括可以旋转的两个看台、两座三层的大看台——它们在折叠之后会向侧面移动，为“舞台”进场创造空间——还有一个可以收进地下的棒球投手区。

6.许多大钢梁支撑着“悬浮舞台”的地板，以保证它足够坚固，让足球运动员能尽情奔跑。

7.由十位技术专家组成的团队长期驻扎在现场，维护所有的移动设备。

8.如果“舞台”需要移到更高或更低的位置，抬升舞台的大型鼓风机可以调整吹风量，保证移动的稳定与平滑。

玩具

计算机建模

像札幌穹顶体育场这样复杂的结构在今天成为可能，是因为有了计算机。在此之前，工程师只能使用简单的计算工具。他们无法像我们今天那样准确地算出结构的重量、风力和地震等各种变化的作用力，以及它们是如何在结构框架中传导的。

如今，我们能为各种结构建立模型，包括它们的楼板和梁柱，并且全都用正确的材料。重力、风力，甚至地震力都可以用在这些模型上。一台计算机可以进行数百万次运算，然后告诉我们什么力会向哪里走，我们的结构是否足够坚固，以及它可以移动多少。

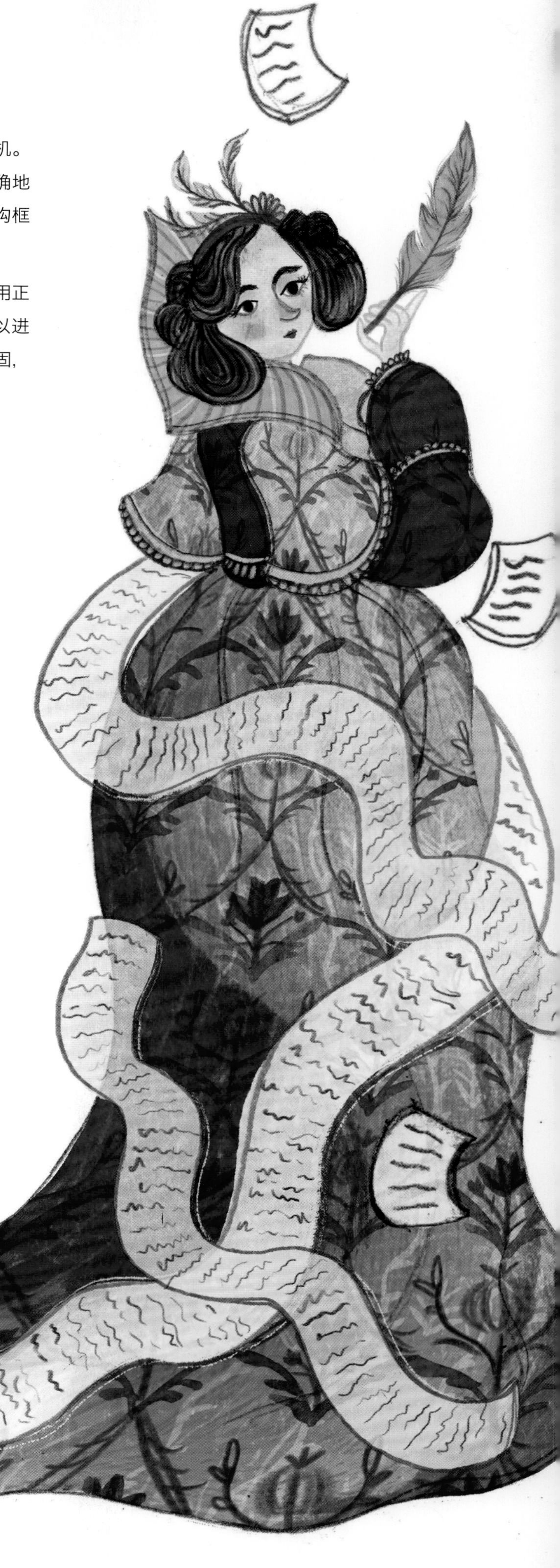

埃达·洛夫莱斯

计算机是相对晚近的发明，但是计算机科学诞生于19世纪40年代。埃达·洛夫莱斯在一个通常会拒绝给女性接受教育机会的时代，得出了最初的算法。

她1815年出生在英国伦敦。妈妈要求给她严格的科学和数学教育。埃达从小就喜欢设计船只和飞行器。

长大以后，她被引荐给查尔斯·巴贝奇。这位发明家正在设计复杂的计算机，包括差分机和分析机。埃达从中受到启发，想出了一种新方法，让分析机能够计算一种叫作伯努利数的数字序列。她也提出了很多理论，包括这种机器在控制任何符号系统上的潜在用途——比如音乐。

尽管机器最终没能造出来，埃达却创造出了被许多人认为是世上第一个计算机程序的东西。

阿兰·图灵

阿兰·图灵是一位英国数学家，在破译恩尼格玛密码中发挥了关键作用。那是德国人在第二次世界大战期间传递绝密情报时使用的。

他生于1912年，在剑桥大学学习数学。在攻读博士学位期间，他提出了“通用计算机”的设想。这种计算机可以进行复杂的计算，称作“图灵机”，后来由此发明了数字计算机。图灵还研究了密码学，也就是可以用来传递秘密情报的密码和暗号的科学。

在战争期间，他同其他数学家研发出了“甜点”。这是可以大规模破解德国密码的机器。战争结束后，他提出了一种叫作“自动计算机”的设计方案。它的工作原理更像我们现在的数字计算机，并能够在存储器中存储程序。

图灵是一位聪明绝顶的数学家。他被认为是计算机理论科学与人工智能之父。

如何在冰上造房子？

哈雷六号是一座科学考察站。它建在世界上最寒冷、最干燥、最遥远的大陆上——南极。

南极是我们星球上最不适宜居住的地方之一，但是英国南极调查局有一群科学家就在那里研究大气层、海洋、冰川和气候变化。这个研究设施位于漂浮的布伦特冰架之上。那里的温度在夏天也极少超过0℃。而在冬天，没有阳光的日子长达105天，温度会下降到接近−55℃！由于那里极度寒冷，天气极其恶劣，从3月到11月没人能到达这里。只有一个更小的团队留在此地，与世隔绝。但那只是因为他们留在那里会更安全！哈雷六号是英国第六代科考站，2013年正式启用。前四代都被这严酷气候中的积雪摧毁，而第五代也面临着危险——它附近巨大的冰块看上去会突然崩塌。

一座有腿的考察站

在南极盖房子与其他大陆截然不同，因为地面总是在变化。每年雪可以积到1.5米甚至更多，或者冰架会裂开。所以保证这个最新的研究中心长久使用的一个巧妙办法，就是把它设计成可以移动的。这座考察站由八个模块组成——有些是用来生活和休息的，其他的则是实验室。每个模块都由巨大的液压腿来支撑。如果下了雪，支撑考察站基座的雪橇板被埋住，活塞就会缩短它的腿，这样雪橇板就会升回到雪地的表面之上。

滑到安全的地方去

要移动这座考察站，首先得把这些模块分离开，然后每个都会连到一辆机车上—— 看上去像是拖拉机和军用坦克的混合体。它会拖着这些雪撬板的模块穿过雪地。哈雷六号在启用后4年就搬过一次家，因为冰架上出现了一个大裂口。考察站从最初的位置移走了23千米。

在施工中保护环境是至关重要的，所以工程师确保遵守了《关于环境保护的南极条约议定书》中的严格规定。

这些模块必须尽可能地轻，以便于移动。

模块上覆盖着包板，这样设计是为了尽可能保持建筑物内部的热量。

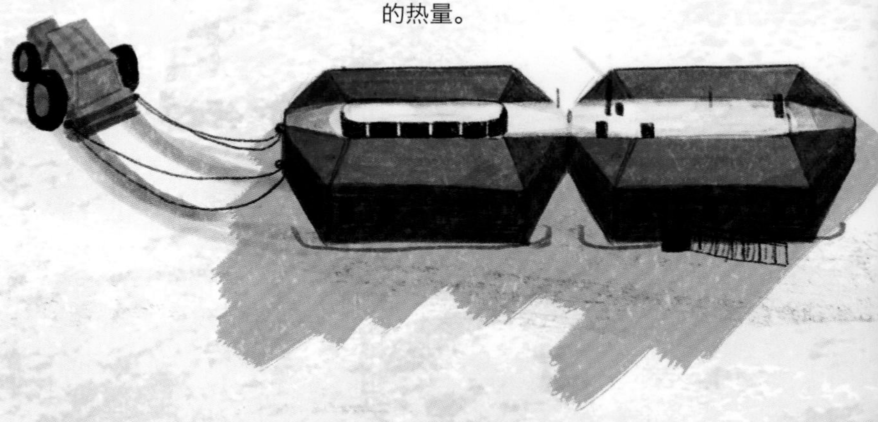

现场施工只能在南极夏天的10周内进行。因此，尽管它用了四年建成，但实际工作的时间只有40周。

臭氧层的空洞对我们的星球是很危险的。它是1985年由英国科学家在早期的哈雷科考站中发现的。

布伦特冰架有130米厚。它在缓慢地漂入威德尔海。

这些模块里面五彩缤纷，能在四周一片灰白的景色中帮助振奋使用者的精神。

哈雷六号的冬季团队包括一位厨师、一位医生、一位电工，以及多位机修工、电气工程师和一位供暖通风工程师。

上层的气候观察室能对冰架进行360度的观察。

7个被称为“哈雷一生”的全球定位系统传感器监测着冰架的移动情况。

基地大部分是在英国和南非的工厂和车间里制成，然后运到南极的。

这个基地是以埃德蒙·哈雷命名的。他是17～18世纪著名的科学家和天文学家。

一大群帝企鹅从5月陪伴着科考人员到来年2月。

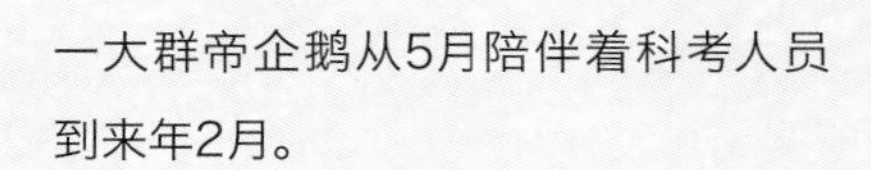

如何在海下盖房子？

我们从这本书中看到，在河流中建造稳定的基础时，面临的一个挑战是下方的土又湿又软。

为了在这种土中施工，工程师必须用特殊的设备排除水的影响，比如建造布鲁克林大桥时使用的沉箱。我们还知道水比空气密度大，所以在水里盖房子，就需要更多的材料来抵抗压力，防止建筑物漏水。这种挑战在水下越深、越远离陆地的位置就越大，因为那里有强大的水流和盐分的作用。不过，随着技术的进步，我们已经有能力在水下建造更宏大的建筑物——从跨海大桥到钻井平台，甚至是水下餐厅！

班德拉—沃利跨海大桥

班德拉—沃利跨海大桥是一座优美的大桥。它连接着印度孟买开阔的马希姆湾两边半岛的陆地。这是印度最长的一座大桥，长4.7千米，也是印度第一座建在海上的大桥。这座桥由高高的混凝土柱（或叫墩柱）建成，间隔约50米。建造这些柱子，要在水下挖出很深的基础。

工程师使用了自升式驳船，也就是带有能够直插入海底的长腿的大平台。这些桩柱由打桩机做好。同时在陆地上组装出钢围堰——是没有底的不透水围合物，只是临时在施工中使用的。人们把它带到海上，再放下去，让底部固定在海底。然后将水抽出，就会形成一个干空间，为基础板和桥的柱子浇筑混凝土。

伊塔餐厅

伊塔在马尔代夫的迪维希语里是“珍珠母”的意思。这是世界上最美的一家餐厅。不可思议的是，它位于马尔代夫的兰加利岛海平面之下5米的地方，旁边是迷人的珊瑚礁。人们可以一边欣赏四周游弋的鱼儿和鲜艳的珊瑚，一边享受美味的六菜大餐。这奇妙的景色要归功于一个巨大的透明丙烯酸（一种塑料）隧道，是它顶住了巨大的水压。

由于餐厅位于珊瑚礁主体内部，压力不会像在海中那样大。但是工程师仍要考虑潮起潮落、海浪的动态、建筑物下降过程中水压的变化，甚至是气候变化导致海平面升高带来的各种影响。

这个餐厅在新加坡的陆地上仅用五个月就建成了。丙烯酸隧道是在一个钢框架上建成的，基地里充满了混凝土，使它有足够的重量可以沉在海底。同时将它仔细密封，保证没有渗漏。

为了把这座建筑固定在海面下，四个巨大的钢管桩被凿入海底。一艘自带起重机的大驳船将175吨的建筑从新加坡运到了马尔代夫。潜水员将85吨的沙袋放到建筑里，让它朝着桩柱下沉。最后，建筑物通过浇注混凝土与钢管桩连在了一起，这样它就不会漂走了。

如何在外太空盖房子？

如今，人类对太空的探索依靠的是国际空间站，或者叫航天器。而有些工程师和科学家正在研究如何在月球上盖房子！这样研究人员就可以在那里住上很长的时间，来进行他们的实验，从而更多地了解外太空。

月球上是什么样的？

月球上的重力加速度是地球的六分之一。将物体向下拉的力量小，所以在月球上盖房子可以用一些比地球上轻的材料。它是不会飘走的——即使重力小也足以保证不会出现这种问题。在过去对月球的多次探索中，登月者和登月车都是不需要固定在地面上的。

月球上的各种挑战

月球的环境甚至比南极还要恶劣。月球表面的温度变化巨大。当太阳照射在它的表面上时，温度会高达120°C。当它进入阴影时，温度又会骤降到−170°C。和地球不同的是，月亮没有被保护它的气体包围，几乎没有大气层。这不仅让人无法呼吸，也意味着月球是暴露在各种宇宙射线和辐射之中的。宇宙射线和辐射是由波和粒子形成的各种能量，它们像光一样穿过太空。有些辐射对人类是极其危险的。

月球上也有非常非常多的灰尘，还有许许多多的微型陨石（也就是微小的太空岩石）在不断冲击它的表面。另外还要抵御“月震”……

月球建筑的一种设计方案创意来自冰屋。

月球上的一天大约等于地球上的29天。这就意味着每个月太阳会有一半的时间照在月球上的一个地方，而在另一半的时间里这个地方都被黑暗笼罩着。相比之下，地球上的一天是24小时。平均有12小时的日照和12小时的黑夜。

我们可以拿什么来盖房子？

最好是使用月球上容易找到的材料，比如月壤的顶层——覆盖在月球表面的松散灰尘和岩石颗粒。把月壤变成坚硬的材料有两种办法。你可以用“胶水”把各种颗粒粘在一起，或者把月壤熔化后混合起来。科学家正在研究这两种方法。如果采用胶水的方法，就会形成一种糨糊，然后可以用机器人进行三维打印。这在困难的环境中是非常理想的，因为它减少了需要进行切割和焊接等复杂施工的人员。但三维打印在地球上很好用是因为重力。工程师仍在研究月球上低重力对三维打印的影响。在地球上，重力会保证每一层材料在打印出来之后，能牢牢地粘在一起。当重力减小时，各层就不会粘得很牢，最终的材料强度就会降低。三维打印机器人还要面对灰尘、极端温度和陨石的挑战——这些都是我们在地球上无须担心的。

它们会盖出来吗？

答案是：我们还不知道！这取决于各个国家的领导人是否认为对月球的长期探索是有益的。这是一个激动人心的工程。就在你读这本书的时候，各种方案仍在设计和测试之中。

未来的房子会怎么建？

工程师塑造了我们整个世界的建筑：楼房和桥梁、电话和电脑，甚至包括我们在太空中旅行和生活的方式！

想象一下，我们未来的城市会是什么样子的：像铅笔一样细、直插云霄的大厦，玻璃不会碎的水下房屋，跨度超过今天十倍的大桥。所有这些梦想有朝一日都会变成现实。工程师在不断从身边的世界学习，并适应着环境与社会中的各种变化。他们总是在改进我们建造的方式，并挑战一切可能。有时候，我们只是被自己的想象力困住了。利用新的材料和尝试不同的方法，工程师将不断找到建造更加不可思议的建筑物的方法。假如你放飞自己的想象力，你会盖出什么来呢？

形形色色的材料

自己愈合的混凝土

人们发明了一种特殊的混凝土，里面掺有微小的胶囊。这些胶囊里有一种细菌——通常是在火山附近的湖中发现——它能在没有食物或氧气的情况下生存50年。假如混凝土中形成了裂口，水渗进来，胶囊就会释放出细菌。然后细菌会把胶囊吃掉，产生石灰石，从而填补裂口。这种混凝土在那些一旦建成之后人就不容易到达的地方会非常有用，比如地下深处。

铝泡泡

熔化的铝注入空气中后会形成小空洞。冷却后就会形成铝泡泡板。这些铝泡泡板不仅看上去很酷，而且很轻，能100%回收。它们已经被用作保护建筑不受风吹雨淋的覆层了。

竹子

中国和印度等国家用竹子盖房子的历史已经超过了几千年。竹子非常结实，长得也很快。这就使它成了一种环保的材料。在中国的一些地方，人们至今仍在用竹子来做脚手架，建造高楼大厦。如今，工程师还在考虑用竹子作混凝土的“筋骨”，以取代钢材。

碳纳米管

一纳米等于十亿分之一米，这是一个非常非常小的长度。科学家用碳制成了纳米管——它们是用一层仅有一纳米厚的碳原子，按六边形排列后卷成管状而成的。以它们的重量来算，这些微小的管子是世界上最结实的材料。工程师正在研究如何把这些纳米管嵌到钢材、混凝土、木材和玻璃中，使这些材料强度更高。

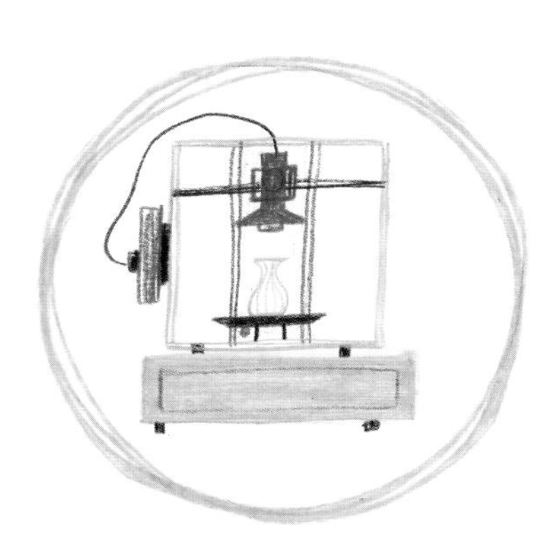

奇思妙想

三维打印

三维打印不仅可以用来制作建筑物的小型构件，还可以建造整个建筑物。世界上有一些地方建成了整体三维打印的人行桥。以这种方法建成的建筑物要比常规更轻，施工也更快。

仿生学

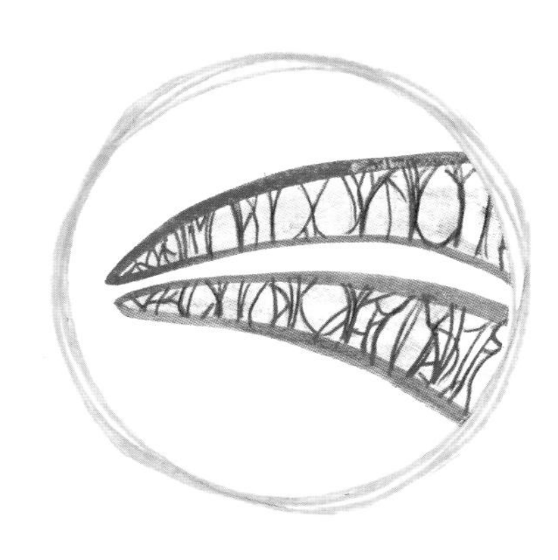

工程师一直在向大自然学习。不仅是模仿自然物的形状，还从它们的功能中获得灵感。某些鸟的颅骨里有两层薄薄的头骨，它们之间或网状连接，且交织成许多大空洞。这就让它们既轻巧又结实。通过这样的方式来盖房子，我们就可以让它们也轻巧又结实。工程师还研究了海胆的骨骼，那是由许多交错的板块组成的。德国斯图加特的全国园艺展展览大厅就是以这种方式，用胶合板建成了一个纤薄、却非常结实的顶棚。

机器人

在自然界中，成千上万的白蚁会合作建造巨大的泥穴。工程师从中受到启发，正在设计小型机器人，并用程序控制它们成群结队地工作。它们有传感器，可以发现所需的工作及其他的机器人，并有相互避让的规则。程序可以让它们垒砌砖墙、在岸边建造防洪设施，或是在水下深处修管道。

虚拟现实

技术在设计和施工方式的发展中发挥着重要作用。其中一种这样的技术就是虚拟现实。我们知道虚拟现实游戏很好玩，而工程师正在计算机上建造各种复杂的世界，来模仿他们建筑物未来的样子。通过这种方式，设计师和其他对建筑未来形象感兴趣的人，都可以戴上视图器，在虚拟建筑中漫步。

词语表

阿兹特克人
约13至15世纪住在今天墨西哥、伯利兹和危地马拉大部分地区的美洲人。

白蚁
一种与蚂蚁相似的昆虫，成群生活在一起，并用土壤和粪便建造巨大的丘形巢穴。

半岛
陆地一部分伸入海洋或湖泊，另一部分同大陆或更大的岛屿相连的地貌状态，它的其他三面被水包围。

伯努利数
一种特殊的数列，埃达·洛夫莱斯找到了算出它的方法。

沉箱
用来在水下施工的大型水密室。

承重
将物体的重量向下集中到地面上，达到支撑物体的效果。

传感器
监测移动、光线、热或压力等的设备。

地形
大地的风貌。如果有的地方被称为复杂地形，那就很难在上面行走或盖房子——例如陡峭的山川或沼泽。

锻铁
一种形式的铁，很容易弯曲和塑形，但没有其他形式的铁那样结实。

浮桥
漂浮在水上的空心大平台，作为桥使用。

共振
当物体受到力的作用，在一个特定频率上与其他频率发生强烈的振动，就是共振。例如，当你以某个特定频率、即每分钟的次数推动秋千时，你会发现它比推得更快或更慢时摆得更高。

骨料
碾碎的岩石。石头和砖头，与水泥和水混合在一起就能制成混凝土。

桁架
由许多较小的梁和柱构成的框架。

护堤
建在河流、道路或铁道旁的厚墙，就像一个人造河岸。

活动桁架
桥中间可以升起让船只通过的部分。

活塞
由一个圆筒中的液体（比如油、水或蒸汽）和里面的连杆构成的机器。连杆在圆筒内部上下运动，并推动另一个物体，使它运动。

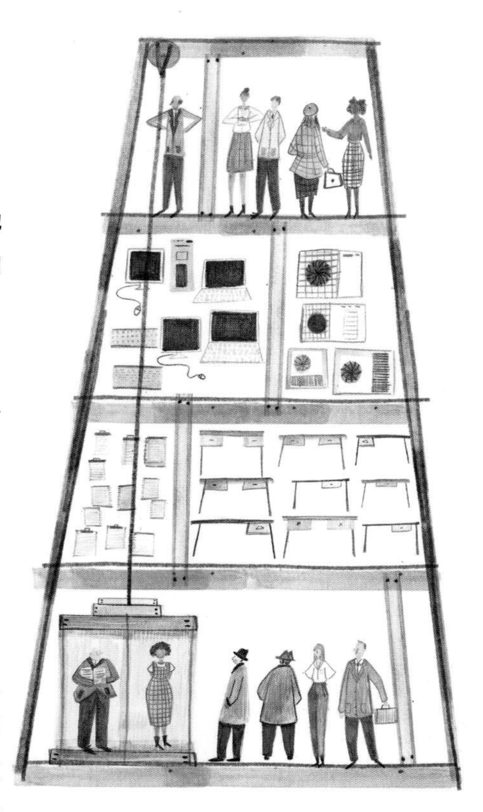

混凝土
通过混合水泥（某些岩石烧成的粉末）、骨料（碾碎的石块）和水形成的建筑材料。

基础
建筑物建在地下的部分，构成了结构其他部分的坚固支撑。

尖顶
建筑顶上又高又尖的构件。

金属
导电和导热良好的物质。金属通常很结实，坚硬有光泽，包括铁、钢、铝、金和锌等。

金属网
用金属丝、线或塑料制成的像网一样的结构，用来加固另一种材料。

晶体
原子或分子以规则模式排列而成的固体。大部分金属和许多岩石都是晶体结构。

可收缩的
可以收进来或收回来的物体，比如可以通过卷起打开的屋顶。

跨度
泛指距离。也指房屋、桥梁等建筑场中，梁、屋架、拱券两端的支柱、桥墩或墙等承重结构之间的距离。

矿物
天然存在于地球表面的物质。金属属于矿物，但还有很多其他类，包括石英、云母、盐、石灰（氧化钙）和硫。

拉力
拉动物体的力。

立面
建筑的外表面。

梁

一段又长又结实的木头、金属或混凝土，用来制作支撑建筑或桥梁的框架。

密封

完全封闭的状态，空气也不能进出。

摩擦力

会抓住物体并阻止其滑动的力。

内陆国

没有海岸线，完全被其他国家包围的国家。

频率

物体在一秒内摆动或振动的次数。

三维打印

一种打印的方法——不是用墨水打印出平面的图像，而是将材料以正确的形状一层层堆积成一个立体物。

输水道

输送水的构筑物——比如运河、隧道。

竖井

深入地下的竖直长隧道。

水合作用

水与其他物质反应的化学过程。在制作混凝土的过程中，当焙烧后的石粉与水混合在一起，变得黏稠而黏合在一起时，就会发生水合作用。

水力发电

由水流产生的电力，比如冲过大坝时，或随潮水上涨时。

算法

执行任务的一套规则或说明，比如特定的计算或数学步骤，通常用于计算机。

碳

一种以不同形式存在于钻石、石墨等物质中的元素。

细菌

用显微镜才能看到的单细胞生物，有些会导致人类生病。

下水道

排出废水和污物的地下隧道。

斜肋构架

建在结构外部的一种特殊的支撑框架。

虚拟现实

一种让人感到自己身处异地的计算机技术。带上视图器之后，计算机图像、声音及其他感觉便会营造出这种效果。

蓄水层

积蓄地下水的一层地层。

悬臂

吊车的一臂。

悬索桥

一种用跨越桥两端的粗缆悬挂桥面的桥。

悬挑

一端支撑、另一端悬空的结构，就像跳水板。

液压的

由受压的水或其他液体提供动力的。

原子

微小的物质基本粒子，构成了世间万物。一种元素只由一种原子组成。

圆窗

建筑上的圆形洞口。

栈桥

形状像桥的建筑物。

支流

一条汇入更大河流的溪流。

钟摆

系在金属丝或绳子一端的重物。金属丝的一端是固定的，重物挂在另一端上，能够从一侧自由地摆到另一侧。

重力

物体被地球吸引，并拉向地球的力。

钻孔

钻头在实体材料上加工出孔的操作。

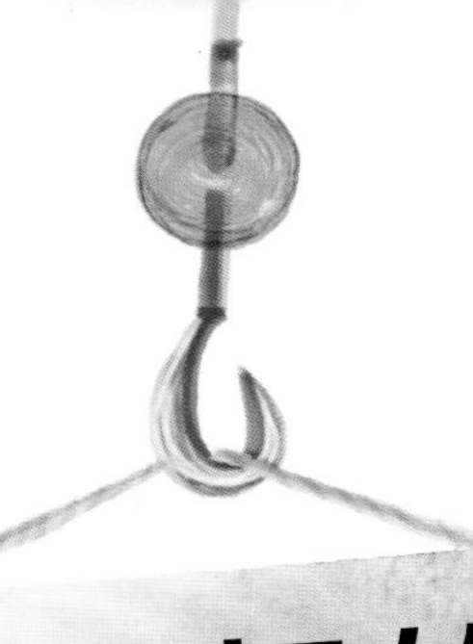

了不起的工程师

凯蒂·凯莱赫

一位吊车操作员。她的工作是用不同类型的吊车，为建造隧道和火车站吊运各种材料。她的团队会帮助她，因为你在高高的吊车上时不能总是看到从地上吊起来的东西。

阿格尼丝·琼斯

一位用钢铁创造艺术的铁匠。她把金属加热到1200℃，然后把它变成凳子、框架，甚至人的形状！

莫克沙贡达姆·维斯韦斯瓦拉亚爵士

一位专门研究水的土木工程师。许多大学、博物馆和火车站都是以他的名字命名的。印度每年9月15日的“工程师日”就是纪念他的。

尼凯·福拉扬博士

一位致力于公路、铁路和隧道安全的工程师。她当工程师是因为对电视天线的工作方式着了迷！

伊利娅·埃斯皮诺·德马罗塔

被任命为巴拿马运河扩建工程的总工程师。她是有史以来第一位担任这一职务的女性。

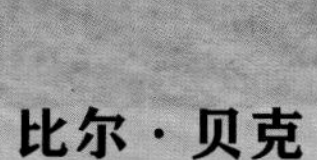

比尔·贝克

一位结构工程师，曾设计过世界上许多最高的建筑，包括哈利法塔。他和他的团队发明了“扶壁核心筒”系统，来保持建筑在大风和地震中的稳定。

马可·维特鲁威·波利奥

一位罗马建筑师和工程师。他写了《建筑十书》。他认为所有的建筑物都应遵循三个原则——坚固、实用、美观。

阿德弗尼特·马卡亚博士

欧洲航天局的高级制造工程师。他在进行的项目之一是研究在太空中盖房子的材料！

埃弗拉因·奥万多-谢利博士

一位地质技术工程师，曾帮助保护墨西哥的大都会大教堂。他是土质性能方面的专家，了解如何在特定类型的土地上盖房子。

罗玛·阿格拉沃尔

一位结构工程师。她曾经参与设计碎片大厦，以及火车站、公寓楼和雕塑。她还写了很多书。

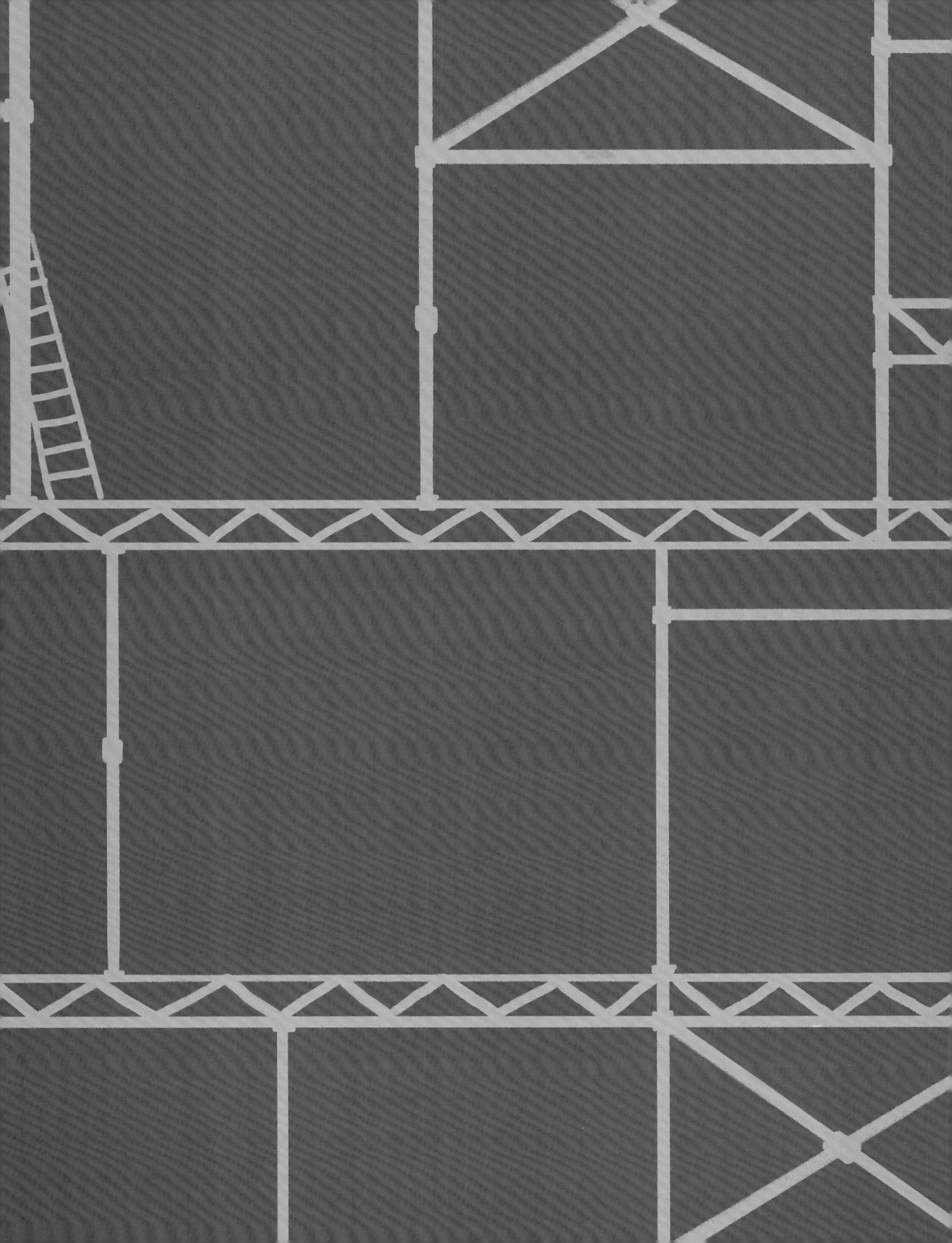